陳春花——著

管理的常識

THE COMMON SENSE OF MANAGEMENT

讓管理發揮績效的
8個基本概念

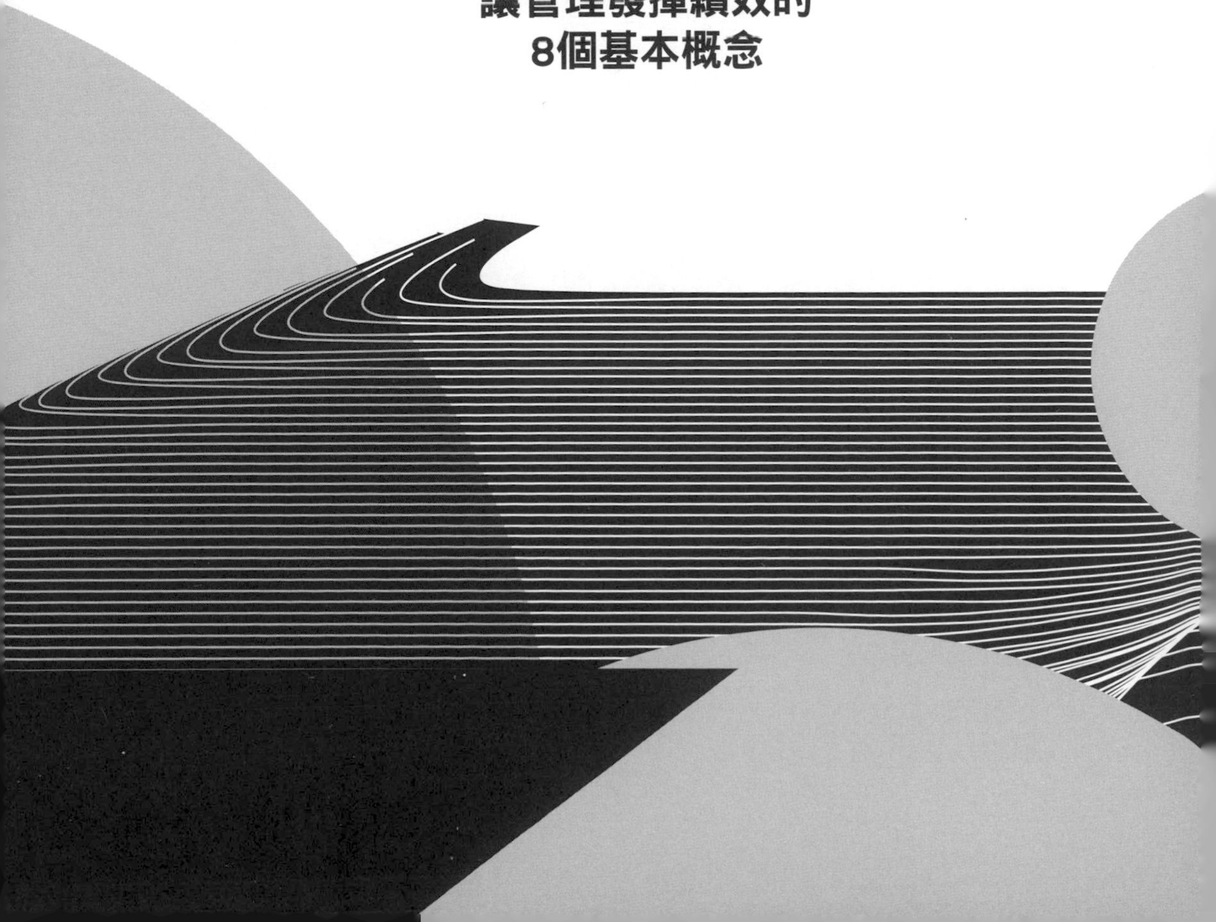

目錄

Chapter 3

什麼是組織結構 81

Chapter 4

什麼是領導 109

Chapter 5

什麼是激勵 149

Chapter 6

決策如何有效

Chapter 7

什麼是計畫

Chapter 8

【繁體中文版總序】

在不確定中尋求確定

近二十年來，我一直在研究處於複雜環境下企業如何獲得可持續增長的問題。我的關注焦點涵蓋諸多方面：管理者所面臨的主要問題是什麼？影響組織績效的因素是什麼？互聯網技術背景下，個體與組織的關係發生了什麼改變？商業模式創新對組織管理的挑戰是什麼？企業所面對的數字化挑戰是什麼？

這一系列的研究讓我發現了很多變化的東西，但也同樣讓我發現了一些獨特的東西，那就是變化中有一些不變的東西。我開始從經營與管理兩個方面去觀察，並得到了一些認識，這些認識就是《經營的本質》與《管理的常識》寫作的核心內容。

現實的觀察和我自己親身的實踐，都讓我明確地知道，在任何環境之下，總是有優秀的企業脫穎而出；總是有優秀企業能夠超過複雜變化，找到驅動增長的力量；總是有企業能夠獲得發展的機會，無論順境還是逆境。在仔細分析這些企業內在的影響因素時，讓我深深地瞭解到：成功的企業會持續關注變化的因素，但是也從來都關注那些最基本的要素，都在回歸基本層面上做努力，這也正是它們取得成功的祕訣。它們成功的實踐讓我關注到了規律性的認知，這就是有關「經營的本質」的判斷與行動，以及對「管理的常識」的認知與行動。

所以在這兩本書中，我對「本質」與「常識」性的問題進行深入研究，希望達成三大主要目標：⑴清晰明瞭地提煉出用於提高組織中的管理效率的有效思考路徑，以便更好地闡述為什麼回歸「管理常識」是如此的重要；⑵向讀者闡述，在競爭愈發激烈的當今世界，為什麼企業更需要回歸「經營的本質」；⑶就有效增長與可持續發展這一至關重要的問題，為企業領導者和管理者提供思考和實踐的分享。

這兩本書的觀點、支撐案例以及相關資料，是源自我於一九九二年至二〇一四年間所完成的大量企業調查研究，而最令我感到欣喜的是，我所深度調查研究的這些企業，如華為、聯想、海爾、ＴＣＬ、美的、騰訊、新希望等，業已發展成為各自領域的領先者。無論是這些企業自身的發展，還是我自己的持續研究，都讓我深信，對於不斷變化的環境，企業需要回歸到顧客層面去做全面的改變和調整，而改變的方法就是回歸經營的本質去思考和行動；對於不斷變化的環境，企業都需要回歸到組織成員的層面去做全面的改變和調整，而改變的方法就是回歸管理的常識去思考和行動。這兩本書所體現的正是這個觀點。

很高興這兩本書能夠在台灣出版，我非常期待看到這本書的每位讀者，能夠展開一段反思的旅程，能夠離開紛繁的複雜環境，定下心來思考這些最根本性的話題，並由此獲得屬於你自己的確定性。

陳春花
北京大學王寬誠講席教授、中國發展研究院BiMBA院長

【再版序】

未來經濟成長需要依賴管理的進步

什麼是管理？管理以什麼做導向，以什麼來檢驗？這是每一個管理者都需要面對和回答的問題。之所以在管理實踐中存在如此多的誤解、偏差以及資源的浪費，是因為大家在管理問題上依然以經驗為導向，依然按照自己的個性去發展，依然在過度使用資源而不是讓管理本身發揮效能，依然相信管理者自己的技能。

二〇〇九年我寫了《管理的常識》這本書，就是圍繞這些管理誤區展開的，在此次重新梳理的過程中，讀者和編輯給了我一些指引，希望在原有的七個基本概念上再增加控制、自我管理等內容，我接受了大家的建議，把控制增加進來，但是沒有把自我管理放進來，主要原因是這本書是從組織的視角展開，自我管理這個話題，我會另外去討論。

等我全部梳理完本書，再仔細去回想：從二〇〇九年到現在，管理在知識教育以及實踐層面，大家都做了更多的努力和嘗試，今天工商管理教育已經相當普遍，擁有管理知識的管理者比例也非常可觀，但是管理的效果，相比較這些投入來說，變化並不明顯，所以我想就幾個關鍵的認識，再界定清楚一些。

管理須用問題做導向，勿用成就做導向

我首先需要特別強調的是，做管理不能用成就做導向，只能用問題做導向。管理對每個人最大的挑戰就是，它永遠在問題當中，而不是在成就當中。所以每一個優秀的管理者都會告訴你，「我戰戰兢兢，如履薄冰」。因此，有時我很討厭做管理，因為它總是完成一個目標就會有新的目標，解決完一個問題還會有下一個問題，沒有一個可以終止的時間點，總是在解決問題的路途中。

管理者的定義是讓你的上司和下屬獲得績效。如果你發現，因為你的存在，你的上司沒有成就，下屬沒有成就，那你就不是一個好的管理者。從這個意義上講，管理者自己是沒有績效的，你的績效來自於上司與下屬。

管理具有兩個屬性：一是實踐與經驗屬性；二是知識（理論）屬性。很多管理者沒讀過多少書，沒學過管理，卻做得很好，因為管理有實踐和經驗屬性。有的人從來沒做過管理，比如我自己，教管理的過程中，六和創始人讓我去當總裁。我沒當過總裁，真正去做的時候發現，

也還可以，因為我具有管理知識的儲備。管理的這兩個屬性，看似對立，實則不然。任何事情，只要能找到規律，就能變為知識，變為知識就可以複製，就可以學。

管理中，不要把「人」與「事」混為一談

管理所面臨的主要內容是處理「人」與「事」，但中國人常常把二者混淆，該面對事的時候卻面對了人，該面對人的時候卻面對了事。比如，一個企業找了很多老師講課，老師講完課後，這個企業專門找我當面反映，說其中一個老師講得很爛，千萬不能讓他再來上課。奇怪的是，我看到大家給這個老師的評分卻非常高，我問為什麼，對方說：「這個老師人不錯，挺刻苦的；課間挺謙虛；字也寫得挺漂亮。我們覺得，也不能砸了人家飯碗，所以我們給他打了八十九分。」

我說：「你這樣打分，我不能批評或換掉他，我甚至還得表揚他。因為學生打的分數很高。」對方說：「反正我們也不上了，至於他要傷害誰就隨他去吧。」這件事讓我哭笑不得，這就是管理中把人和事混淆了。

管理的關鍵在於問題發掘是否準確到位

如果說上面是糟糕的管理，那下面的案例就堪稱出色的管理。南京的劍光同學與他的夥伴

設立了勵志陽光助學基金，第一期目標是建一〇一所希望小學，並持續負責後續的師資、校舍建設投入等。志願者看到受助的孩子冬天還穿著涼鞋，就想讓這些孩子穿上棉鞋。

如果靠捐贈，只能解決一時的問題，無法達到可持續性。勵志陽光助學基金找到一家世界知名的製鞋品牌商，舉行以舊換新的促銷活動，源源不斷地收集了很多城市孩子穿不完的鞋，然後把鞋送給殘障人士進行清洗、修補，給他們支付人民幣十元一雙鞋的工費。殘障人士特別開心，因為他們找到了存在的意義，能為社會創造價值；清洗乾淨的鞋被送給山區的孩子，孩子一樣開心；品牌商亦樂見其成，因為以舊換新的活動本身就為其帶來了銷售額的顯著增長。

其實，管理的目標來源於對問題的發現，上述案例起源於一個小孩冬天穿著涼鞋，勵志陽光助學基金就設立了目標，如何讓他可持續性地穿棉鞋。做管理的人要在問題當中設立目標，用人與組織把目標組合起來。管理的定義是，為了實現目標，人與機構內資源一起工作。如果在實現目標的過程中，沒有辦法觸動組織背後的人去推動它，那麼可能是因為管理者對問題本身的發掘不夠。

管理手段還需要極大地提升

一九一一年，《科學管理原理》的出版，標誌著管理成為科學。現代管理學之父彼得．杜拉克認為，二十世紀人類最偉大的發明創造之一就是管理成為科學。

管理的作用體現在哪裡？從持續增長角度看。一個地區、國家或組織，最想要的是持續增長，中國今天最大的挑戰就是持續增長。經濟增長率＝勞動投入的貢獻＋資本投入的貢獻＋全要素生產率（TFP）。所謂全要素生產率是用來衡量生產效率的指標，它有三個來源：一是效率改善；二是技術進步；三是規模效應。近四十年世界公認保持持續增長的國家有兩個——美國和中國。我們可以從經濟增長率三因素切入，來對比兩國的差別。

美國：勞動力價值——全世界最優秀的人才在美國；資本價值主導權在美國手上；全要素生產率，可細分為三個方面，即一是規模效應，二是技術進步，三是效率改善，而效率改善其實是指管理。

中國為何能四十年持續增長？勞動力價值的釋放，超乎了所有人的想像——很大程度上因為中國人致富的慾望很強；資本價值——近幾年也被釋放出來；全要素生產率，還是細分為三個方面，即規模效應——巨大的消費人口、勞動力人口，技術進步——科學技術是第一生產力，但是第三方面——效率改善，比美國差得很遠。同樣的投入，美國的產出比中國更高。中國這麼多年為了發展，經濟手段、金融手段用了很多，唯獨效用發揮不好的是管理手段，甚至可以說得誇張一點，幾十年來中國的管理沒有太大進步。這就是我們現在要研究管理的原因，讓產出增加，效率更高，保證中國經濟的持續增長。從管理角度來談，用現有的資源、現有的能力，如何提升產出，而不是從人口紅利、資源規模來談，怎麼保證中國經濟快速增長。

管理是結果檢驗和外部評價

怎樣檢驗管理的好壞?管理其實是結果檢驗和外部評價，不是由你自己來評價的。你與你的同行比，是不是利潤最高、增長最快、銷售額最高的?如果是，那就是好的管理。

有的總經理說，前三十年我不懂管理，公司照樣發展很快。那是因為外部環境一直在高速增長，你趕上了中國改革開放的好時機，供不應求，你怎麼做都行，不用多好的管理。不要因此認為管理不重要，也不要因此認為自己懂得管理，很多時候是外部增長幫助了企業的增長。現在，外部環境發生了巨大改變，甚至很多行業產能過剩，不再增長，所以為什麼很多老闆吐槽賺錢難，因為市場對企業的要求提高了，新常態的核心詞是產能過剩、缺少顧客、供過於求。企業如果再不好好管理，很難做下去。

最近有關什麼樣的CEO才是一個好CEO的話題引發了很多爭論，甚至對於一個具體的CEO是否勝任，也成為公眾的一個話題。我沒有直接去回答這個問題，因為CEO是否勝任，其所負責的企業經營結果已經給出了評價和答案，並不需要我們再去做額外的評價。人們之所以對這個話題感興趣，究其根本，還未完全理解對於管理的評價，是有結果檢驗和外部評價的，人們還是習慣用自己的感受，以及自己的經驗去做評價，我非常希望大家可以更正過來，形成一個用結果檢驗的習慣與氛圍，這樣管理才能夠做到簡單有效。

管理的核心價值是激發人

對於管理本身而言，的確是處理有關人與事、人與資源之間的關係，而事或者資源都是由人來激發價值的，所以管理的核心價值是激發人，讓人與事、人與資源組合的時候，產出最大化。所以杜拉克先生認為管理者必須卓有成效，我很認同。

在我看來，管理具有三重價值，第一重價值是發揮員工的價值。讓管理產生績效，最終體現在下屬的成長中，因為企業的績效是來自於員工，特別是來自於一線員工，他們完成業績目標，達到成本標準，保障產品品質，並直接與顧客溝通。如果沒有他們，不會有企業的績效，也就不可能產生管理的價值。

第二重價值是激發員工的潛力。在我個人的管理實踐中，一直發現每個人所具有的潛能是超乎想像的，不要認為沒有合適的人，也不要簡單地認為一個人是否勝任工作，大部分情況下，只要能夠激發，並配給相應的資源，人們是可以產生績效並勝任職位的。正因為此，我一直認為如果發現員工不勝任工作，或者做得不夠好，先要探討的是我們是否激發了他的潛能，是否給予了他足夠的幫助，並讓其找到發揮效能的途徑和方法，如果我們願意這樣努力，就會看到成效。

第三重價值是激發團隊的潛力。我曾經參加了第十屆商學院戈壁挑戰賽，這是一個四天戈壁徒步一百二十公里的競賽，在我去戈壁之前，我認為自己是完全不可能參與到這個活動中的，因為無論是體力還是精力，似乎我都無法勝任。但是新加坡國立大學商學院二十二班的同學激發了我，在與大家一起訓練和準備的過程中，我發現這個班不斷釋放出超乎想像的能量，自從這個班成立了戈壁十管理團隊，整體上就完全不同了，從完全不了解戈壁挑戰賽，到成功組了A／B／C三個隊，到組成商學院歷史上最大的參賽隊，再到大家完全走出戈壁，每個人都完成了自己的人生跨越，其中也包括我。這就是團隊的力量，組織管理的能量，在組織管理的核心價值中，就是讓本不能勝任的人可以勝任。

管理有著自己獨特的功能，有著自己獨特的使命與價值，杜拉克先生說：「管理是一種實踐，其本質不在於『知』而在於『行』；其驗證不在於邏輯，而在於成果；其唯一權威就是成就。」期待這本書可以在你的日常管理中，貢獻一點價值。

陳春花

二〇一六年七月七日於北京

序

管理就是把理論變為常識

在最初講授組織管理課程的時候，我就一直被這樣一些問題困擾：

- 為什麼同樣的資源和人，交給不同的管理者進行管理，結果卻相去甚遠？
- 為什麼這麼多的人，陷入無效甚至毫無意義的工作中？
- 影響人們有效工作的關鍵因素是什麼？
- 為什麼這麼多人覺得組織並沒有讓他們發揮作用？
- 管理真正的價值到底在哪裡？

對於這些問題的思考和研究，一直貫穿在我的整個教學、研究和企業實踐中。我知道，如果我們不能解決這些問題，我們就會浪費很多人的付出，讓工作變得毫無價值，而解決了這些問題，就可以讓人們做出巨大的貢獻。管理的確關係到我們每一個人的切身利益。導致出現這些問題的核心因素就是：沒有很好地理解管理。無論是對於管理相關概念的理解，還是對於管理相關理論及其規律的認識，都產生了偏差，甚至在很多基本概念的理解上存在錯誤。這些認知上的偏差，導致了管理行為的偏差，也就影響了人們的績效。換個角度說，因為管理者自身對於管理認識的偏差，導致人們無效地工作。

這本書的寫作，賦予我以管理實踐者和管理教師的雙重身分，無論是從管理實踐的角度，還是管理教學的角度，我和六和集團的同事以及EMBA課程中的同學，經歷了一個又一個的成功管理案例，我將透過本書傳遞出這些成功的經驗和啟示。

從本書中，讀者可以了解到：

- 管理就是讓下屬明白什麼是最重要的。
- 管理不談對錯，只是面對事實，解決問題。
- 管理是「管事」，而不是「管人」。
- 管理就是讓組織目標和個人目標合二為一。

- 管理就是讓一線員工得到並可以使用資源。
- 管理只對績效負責。
- 公司為什麼不是一個家。
- 在組織中人與人公平而非平等。
- 組織結構是要解決權力與責任匹配的問題。
- 領導如何發揮作用。
- 人為什麼要工作。
- 人不流動也許是安於現狀不求發展。
- 群體決策不是最好的決策，而是風險相對小的決策。
- 目標為什麼可以不合理。
- 不是變化快，而是計畫沒有包含變化。
- 控制到底如何發揮效用。

……

這些都是在日常管理中必須面對的話題，如果我們沒有正確的認識，就會產生很多管理行為的誤差，而這些誤差就會導致績效結果受到傷害。事實上，在大部分效率低下、內部無法協同的組織中，由於對管理常識的誤解所導致的因素占了絕大多數。很多時候，我並不認為是員工的素質不行，更不認為是我們的企業文化不行，遇到管理不暢、員工能力弱的情況，首先需要檢討的是管理者自身，管理的認知和行為是否正確，只要管理者具有正確的認知和行為，所有人的績效就一定會展現出來。

因為研究和課程的緣故，我有幸擔任過山東六和集團的總裁，在此之前和之後也一直擔任一些公司的顧問，我在每一家公司都看到相同的情況：對於管理的職務、功能和效果缺乏認識與思考，很多人只憑藉經驗、情感和責任來進行管理工作。我所看到的是個人績效的損傷、組織效率的消耗，而這一切，只要從管理的基本概念出發，整理清楚，就可以避免。於是我決定梳理這些概念，從最基本的部分入手，來解決問題。

在我的內心裡，最希望看到的是：每一個人都可以在組織中充分發揮作用，每一個人都有能力解決自身的問題，而每一個管理者都可以讓下屬擁有績效，並獲得成長；更重要的是，因為管理者有效的管理行為，本不能勝任的工作得以勝任，同樣的資源投入獲得更大的產出。

二〇〇六年我曾寫了《中國管理問題10大解析》來敘述我的觀點，在這本頗受歡迎的書中，關於基本問題認識偏差的部分我保留了下來，因為當我決定著手寫這本書的時候，更多管理的基本問題都呈現了出來，這些問題紛繁、瑣碎，幾乎涉及組織的每一個人、每一個環節，我也深知最重要的不是陷入這些問題中，最重要的是解決問題，因此我抽離出最基本的管理概念，就讓我們從最基本的概念入手，了解什麼是管理、組織、領導、計畫、決策、結構和激勵，從這些日常管理中不斷面對、習以為常的管理概念入手，重新整理，明確內涵。在每一個概念中，我選擇了一些與管理者有關的話題，也提供了一些我的建議，幫助讀者運用這些基本概念和知識改進他們的管理效能。

這本書是為中國企業的管理者以及那些想成為管理者的人而寫的，我把此書稱為管理學和組織行為學的簡讀本。借助這本書，我想把理論和概念用最簡單、易用的方式呈現出來，更希望理論可以直接和管理行為銜接。當然，對於已經接受過ＭＢＡ、ＥＭＢＡ訓練的讀者來說，這也許是對花了很長一段時間學習的理論的簡要總結，而對於沒有接受過系統的管理學體系訓練的讀者來說，這本書可以讓你很容易窺見組織與管理的真實內涵。

峨山禪師是白隱禪師晚年的高足，年老的時候，有一次在庭院裡整理自己的被單，信徒看到後覺得很奇怪。

信徒問：「您有那麼多的弟子，這些雜事為什麼要您親自整理呢？」

峨山禪師道：「老年人不做雜務，那要做什麼呢？」

信徒說道：「老年人可以修行呀！」

峨山禪師非常不滿意，反問道：「你以為處理雜務就不是修行嗎？那佛陀為弟子穿針、為弟子煎藥，又算什麼呢？」

信徒因而了解到了生活中的禪。

一般人對於修行的最大誤解，就是把修行與做事分開來看，這是概念的誤區。其實，無論是修行，還是任何其他的事情，如果不能夠運用於生活之中，不能夠運用於日常行為中，那就不是最好的，管理的理論也是如此。管理就是把理論變為常識的過程。

寫作這本書本身就是一個漫長的理解管理和實踐管理過程，特別要感謝六和集團、美的集團、招商基金、珠江啤酒、威創股份的管理者，和他們反覆的交流和合作，讓我釐清了這些管理的基本概念。

陳春花

二〇〇九年八月六日於廣州天河

1

什麼是管理

管理沒有對錯，只有面對事實，解決問題。

絕大部分人都感覺自己已經非常努力地工作，但結果卻不盡如人意，到底問題出在哪裡？我們都知道，管理實際上是人、物、事三者的辯證關係，不同的組合就會得到不同的結果，而管理，就是確保人與物結合後能夠做出最有效的事來。所以我們有時會慨嘆人和人的不同，其實管理的奧妙正在於此。同樣的人、同樣的資源，交由不同的管理者來運作，結果會相差很遠。所以，如果想提升管理績效，就需要對於人、物、事三者之間的關係有一個明確的認識。

管理的理解

領導者常會說「把人給我管住」，因為從日常的經驗來說，管理通常被人們定義為「管人理事」。這個定義被很多人不斷地強化，結果管理的主要工作就變成了是對人的工作，管理最大的困難也就變成了琢磨人的困難。更多的人還會確信，如果把人管好了，管理就做好了。但是，事實真的就如此嗎？中國企業中的人，如果從投入工作的時間來說，很多人每天會超過十個小時。但是從產出的結果來看，這十個小時並沒有我們想像得好。有人告訴我說是因為員工的基本素質不夠高，又有人告訴我，是因為中國企業需要用三十年的時間走完別人三百年的歷程，這兩個原因或許我可以接受，但是並不完全同意。我發現，真正的原因是我們的管理出了問題。

第一，管理就是讓下屬明白什麼是最重要的

在諮詢行業流行這樣一個故事：一個諮詢顧問到一家公司去，老闆非常高興地說：「你來得正好，幫助我培訓員工，因為他們笨得像豬一樣，我說什麼他們都聽不懂。」接下來這個顧問去培訓員工，但是員工卻對顧問講：「你快去培訓我們老闆吧，他講得全是鳥語，我們根本聽不懂。」這故事講的幾乎是許多企業的真實狀況，老闆和員工根本無法對話。管理者有時喜歡把事情變得複雜不易理解，以顯示自己卓爾不群且富有深度，但是管理是要做決定並讓所有人執行這個決定的。

管理所要求的合格決策，就是讓下屬明白什麼是最重要的。我們常常看到企業的管理者每日忙於決定他們認為重要的問題，但是對於下屬應該做什麼，對於每一個職位應該做什麼卻從來不做分析、不做安排，結果每一個員工都是憑著自己對於這份工作的理解，憑著自己對於企業的熱情和責任在工作，出現的工作結果就很難符合標準。

對於評價下屬有三個很糟糕的詞：第一個是「悟性」。很多管理者喜歡悟性高的下屬，他們會很自豪地告訴我，小張悟性高，所以工作做得好。我不反對下屬成熟度高，管理的效果會

好，但是下屬的悟性是一個非常不確定的特徵，如果工作內容調整、工作技能要求改變，悟性總能保證足夠嗎？第二個是「領會」。常常聽到人們談論要學會「領會領導者意圖」，沒有足夠的時間磨合，下屬想弄清楚領導者的意圖是非常困難的。

第三個是「揣摩」。很多人喜歡揣摩上司的想法，更多的人會根據揣摩出來的意思去做工作行為的選擇，可是揣摩的行為會導致更大的風險，所以常常會聽到管理者大聲地訓斥，問為什麼做錯事情！只需要了解兩個相鄰的上下級職位，即可判斷企業的決策是否合格。比如，人力資源總監和人力資源經理，你從人力資源總監這個角度確定他對於人力資源經理職位重要事情的界定，之後你去問人力資源經理對於自己職位重要事情的界定，如果兩者界定的重要事情是一致的，那麼該公司的管理處在良性；如果兩者界定的重要事情不一致，那麼就是人力資源總監失職。其實，管理就是每一層管理者確定下一層級管理者所要明確做的事情。

第二，管理不談對錯，只是面對事實、解決問題

所有的管理書籍都會告訴我們，管理是一門科學，也是一門藝術。我想管理之所以是藝術，是因為管理需要面對充滿個性的人，而管理是一門科學，就意味著管理是有規律可循的，管理者所要做的就是要符合管理的規律。比如，如何看待人在管理中的位置、如何確定績效、管理效率如何產生等等。對於管理規律的總結，很多人做過努力，我認為管理自身規律中最有

普遍意義的是：管理不談對錯，只面對事實、解決問題。

我把這一項作為管理的基本規律，是因為我們在管理中常常犯錯誤，就是忘記了管理這一項基本的規律。大部分人都會評價管理、評價上司，更多的管理者會堅持必須對上司做出評價，因為他們擔心一旦上司犯錯誤，結果就很可怕。我同意上司錯誤就會導致壞的結果，但是我們可以先把這個想法放一邊，因為能夠成為上司的人，還是可以確信他的能力。問題是為什麼我們會這樣容易地質疑上司、質疑公司的規定，因為我們喜歡用對錯來評價管理。但是管理上的對錯並沒有什麼意義，因為管理是要解決問題，如果所有的證明你都是對的，但是管理結果不好，這樣的證明是沒有任何價值的。即便是我們證明自己正確、上司錯誤，也於事無補。

日常管理中有一個情況會比較普遍：在工作的現場，發生了問題，管理者應該做什麼。很多管理者回答說：需要分析問題產生的原因，尋找到責任人，解決問題。我問大家，為什麼要分析問題產生的原因和分清責任呢？他們告訴我，是為了這個問題將來再出現的時候有辦法解決，是為了將來這個問題不再犯。表面上看好像回答正確，但是如果我們用管理的這條規律來看，就有問題了，正確的答案是：面對事實、解決問題。因為這個問題可能經歷了這一次不會再犯，所以管理需要不斷地面對新問題，如果我們一開始就是訓練解決問題，而不是尋找原因和責任，那麼大家不管遇到什麼問題都知道要馬上去解決，這就是管理的思維方式。傑克．威爾許（Jack Welch）堅持接班人一定要在奇異（GE）內部產生，而惠普（HP）則堅持新的ＣＥＯ要空降，我們能夠說選拔接班人的方法，是ＧＥ的對還是ＨＰ的對嗎？績效的結果是，這兩家公司在兩位新ＣＥＯ的帶領下依然保持世界領先的地位。到遠大空調，我們看到近乎苛刻的管理制度，到美的看到的是授權獨立的文化，你也無法說它們誰對誰錯，因為兩家公司在各自的領域都是佼佼者。

第三，管理是「管事」而不是「管人」

「管人理事」是大部分人對於管理的理解，即便是他們沒有這樣的概念，也會在實際的管理工作中強調對人的管理。但是很可惜，這個理解是大錯特錯的，正因為我們如此看管理，所以中國的管理一直處在「人治」的狀態，不管如何學習管理理論與方法，管理行為卻是依據對人的判斷來進行，而根本的事實是——管理是「管事」而不是「管人」。

我以日本管理為例，日本企業管理中最著名的是品質管理，而品質管理的獲得來源於日本的現場管理，日本的現場管理就是「５Ｓ」的活動。「５Ｓ」是讓每一個進入現場的員工做好五件事：整頓、整理、整潔、清掃、素養。這五件事情，使得現場管理成為可以操作的現實，從而得到日本的品質。中國的企業很多都進行ISO9000的認證工作，但是在品質上我們還是無法與日本的產品相比，很多人認為是中國人的習慣不好，但是為什麼我們無法養成好的管理習慣？如果我們也像日本企業一樣，進入現場就進行「５Ｓ」活動，我們也可以得到一樣的品質。

我一直喜歡海爾的管理方式，雖然我們從不同的角度來評價海爾以及海爾所做的一切，但我感興趣的是為什麼海爾常常可以把其他企業都在做的事情，做到有結果。比如為顧客服務，很多企業都在為顧客服務，但是只有海爾的服務被公眾認同並稱之為「星級服務」。我觀察過很多企業為了把服務做好，花精力和資源做培訓，建立獎懲制度，形成服務體系，灌輸企業文化，用了很多辦法和策略，但是功效卻不明顯。其實，海爾在做服務的時候也沒有我們想像的那麼複雜，反而是從管理的角度，設定了「星級服務」所要做的幾件事情：「三個一」（一雙拖鞋、一塊抹布、一塊地毯）和一個服務效果追蹤電話。每一個享受到這幾件事情的顧客，都能夠很具體地感受到海爾的服務。

事實上，人也是無法管理的，從人性角度來看，每一個人都希望得到尊重而非管理，每一個人都本能地認為自己有自我約束的能力，尤其是具有自我實現能力的人，更加覺得提供平台給他發揮比任何事情都重要。在這樣的認知條件下，如果我們不理解管理應該是面對事情而堅持管人的話，一定得不到管理效果。所以對於很多企業管理而言，問題就出在管理者只關心人的態度和表現，並沒有清晰地界定必須要做的事情，以及做事的標準。對於大多數員工來說，他們並沒有被清晰地指引，應該做什麼事情，所以只有憑著興趣和情緒，或者感情來做，這樣的做事方式，一定是無法評定以及無法控制結果的。界定應該做的事情，這就是管理了。

第四，衡量管理水準的唯一標準是：能否讓個人目標與組織目標合二為一

很多人用各種標準來評價管理水準，比如有人用管理人員的知識結構作為評價標準，有人用使用的管理工具來評價，有人用管理經驗來評價，還有人用專家來評價。但是，評價管理水準高低的標準其實只有一個，就是能否透過管理，讓組織裡每一個人的個人目標與組織發展的目標合二為一。在管理中，人們都感覺到一個問題：有能力的員工常常不會受組織目標的約束，更為可怕的情況是這些有能力的員工會背離組織的目標。

在管理中一個最常見的爭論是如何看待「忠誠」。我認為，忠誠的衡量應該是員工對於組織目標的貢獻而非其他。很多中國企業的老闆之所以對於員工的忠誠看得這麼重，其根本原因是管理水準不夠。老闆知道自己有價的資源有限，也知道自己的能力有限，所以只能夠靠無價的情感來彌補。這樣做的結果只能是，留住那些需要情感滿足的員工，而對於需要能力發揮得到滿足的員工來說只能是離開，這樣的企業想長久發展是絕對不可能的。

在中國的企業中，一個很普遍的現象一直困擾著企業家和研究學者，這個現象就是：在企業初創時期，所有的人都會全力以赴把事情做好，但是到了企業能夠存活並有一定成績的時候，企業開始留不住人。更令企業困難的是，一些核心成員離開企業，自己創立與原企業一樣業務領域、一樣市場領域的企業。很多企業家開始用各種方式減少這樣的情況出現。比如，約定不能夠做相關領域的創業、制定懲罰性的條款，避免市場上的拚殺，甚至還有用極端的手段

來傷害。但是，這些都不是根本的解決方法，根本原因是我們的企業不知道該如何管理這些員工，更不知道需要不斷地關注人們個人目標的變化，讓組織目標不斷得以實現的時候，個人的目標也能夠不斷地實現並提升。

第五，管理就是讓一線員工得到並可以使用資源

這句對於管理的解釋是我認為最重要的。管理需要資源，而且對於管理的資源而言，最重要的是人力資源和財力資源。一個老闆對我說，他不明白為什麼下屬做不好，因為他已經非常授權，除了人事和財務的權力，其他的權力他都給了下屬。我笑著說，其實你什麼權都沒給下屬，因為除了人事和財務的權力，其他的權力對於管理來說都是次要的，管理的資源首先是這兩個權力。這一點我相信所有人都會同意，這不是我要說的關鍵——管理的關鍵是要讓一線員工得到資源並有權力運用這些資源。在管理的架構中，管理者因為處在結構的上層，因此擁有了資源以及資源的分配權，但是越是處於上層的管理人員，就離顧客越遠，而與顧客接觸的一線員工反而沒有資源以及資源運用的權力。

有一次，我到市場做調查研究，當時公司派出區域總監陪同我到分公司，我們到分公司之前，分公司的經理在電話中央求，可否在我們到的時候與一位當地最重要的客戶見面，這個客戶已經開發了十個月，可是無法談下來，所以分公司經理希望借助於我們這次到當地，再爭

取一下並力圖有所突破。我們到達後與這個重要的客戶見面，客戶提出的要求區域總監當場答應，結果十個月的客戶開發，在不到一個小時裡就解決了。當分公司的員工們慶賀，並認為還是區域總監厲害的時候，我自己很傷心，回到公司，我說服總部取消區域總監這個層級。為什麼呢？因為區域總監這個層級並沒有發揮管理的作用，反而因為保留這個層級，資源就留在上面，分公司經理沒有資源滿足顧客的需要，結果一個重要的顧客在十個月後仍然無法與公司開展業務。

我倡導的管理觀

組織管理觀決定了人們如何進行管理活動，如何看待管理。回答管理是什麼，這樣的問題就是管理觀的問題。應該可以這樣說，有了清晰的管理觀，才會有清晰的管理行為，也才會有合適的管理標準。

之所以關心管理觀的問題，是因為在管理行為中，我發現人們普遍存在一些誤區，人們習慣性地認為一些行為是對的，另外一些行為是錯的，而事實上，可能這些理解本身就是不正確的，因此導致很多管理行為無法產生有效的結果，而我所提倡的組織管理觀包含以下三個內容。

第一，管理只對績效負責

企業的績效包含著效益和效率兩個方面的內容。對於管理而言，我們需要有好效益的同時，又需要用最快的時間達成這個結果。因此，無論你採用何種管理形式和管理行為，只要是能夠產生績效的，我們就認為是有效的管理行為和管理形式；如果不能夠產生績效，這個管理行為或者管理形式就是無效的，我們可以確定後者就是管理資源的浪費。

現象一：功勞與苦勞。我們常常可以聽到這樣的說法，比如「我雖然沒有功勞，但是我也有苦勞」，我沒有什麼驚人之舉，但是我也是流血流汗的呀，「我流汗的時候，企業裡還沒有你呢」等。人們只是關注自己對於企業的付出，但是不關心這樣的付出是否真的產生績效，很多人的衡量標準是他自己的付出，而不是付出的效果。所以，常常看到的管理結果是有苦勞的人得到肯定，組織裡熬年頭的人得到重用。換句話說，人們常常以苦為樂，認為付出就是對得起組織，但是我們都很清楚，只有功勞才會產生績效，苦勞不產生績效。

現象二：能力與態度。一家企業裡有一個小李、一個小劉。小李是一個任勞任怨、勤勤懇懇的員工，每天都早來晚走，經常加班。小劉是一個準時上班準時下班，從不加班的員工。結果，小李得到表揚，成為優秀員工，而小劉從未得到表揚，更不會當選優秀員工。但是，如果你願意好好思考，也許會出現這樣一個問題：小李的表現恰恰是能力不夠的原因，而小劉的表現正說明他的能力可以勝任這個職位，完成任務。其實，關心態度還是關心能力是一個非常重要的問題，如果我們不能夠正確對待能力和態度的關係，過多關注態度，結果就會導致組織中能幹的人做到死，不能幹的人活得很好，原因是你關心態度而不是能力，讓態度好的人得到肯定，結果導致大家關心態度，而不願意真正地用能力說話。可是，只有能力才會產生績效，態度必須轉化為能力才會產生績效。

現象三：才幹與品德。德與才的取捨中人們希望德才兼備，如果兩者不可兼得人們選擇先德後才。品德和才幹一直是對於人才評價的兩個基本面，幾乎所有的人都告訴我，他們會選擇德才兼備的人。我很願意同意這個選擇，但我們面對的事實是，我們的下屬一定不是德才兼備的，在這個前提下，我再問如何選擇，結果八〇％左右的人選品德。但是我們必須知道，才幹才產生績效，品德需要轉化為才幹才會產生績效。從這個意義上講，我會更加注重才幹的評價而非品德的評價。

有人開始反駁我，問我如果一個人能力很強，才幹很好，但是品德極壞，那不是對組織和社會造成極大的傷害嗎？我同意這種說法，但是我們需要澄清一個非常重要的觀點：人都會犯錯誤，所以我們不能夠在品德上下賭注，管理所要做的就是讓人沒有機會犯錯。我堅持這個觀點是因為管理所面對的人，不能夠用道德來評價，只能夠用行為學和經濟學的角度來評價。從經濟學的角度看，人是自私和貪婪的；從行為學的角度看，人是懶惰的。這個自私、貪婪、懶惰的人，就是管理面對的人，他不是一個道德人，所以我們不能用道德來下賭注。看到今天這麼多管理者犯錯誤，覺得這是管理的錯誤，我們的管理讓他們有機會犯錯誤，但是竟然有那麼多的人認為是品德教育不夠所致，我感到很難過。

對於品德與才幹這個問題的選擇上，在兩種情況下卻必須強調以德為先。第一種情況是招聘人員的時候，我們需要首先考量這個人的品德，關注他的價值取向，才能不是優先考量的條件；第二種情況是提拔人員的時候，我們也需要首先考量他的品德，因為這個時候能力不是最重要的，最重要的是他能否帶領大家走在正確的路上。但是我所看到的實際情況是，很多企業在招聘人員的時候，很少考量這個人的品德，更多的是關心學歷、工作經驗、個人能力。在提拔一個人的時候，也很少關心他的品德，更多的是關心過去的業績、管理經驗和經歷。相反，在這兩種情況之外，我反而發現在日常的考核和日常的管理中，人們常常考量品德而忽略了才幹。這樣做就剛好相反了。

第二，管理是一種分配

管理其實很簡單，它只是需要做一個分配就好了，就是分配權力、責任和利益。但是需要特別強調的是，必須把權力、責任和利益等分，成為一個等邊三角形（見下頁圖1-1）。

在管理上出錯，基本上都是沒有把這三樣東西分成等邊三角形。很多管理者喜歡把權力、利益留下，把責任分出去；好一些的管理者把權力留下，把利益和責任一起分出去；也有管理

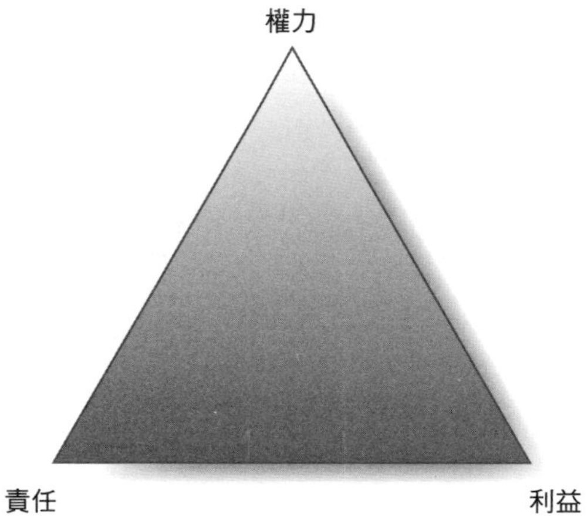

圖1-1

者認為，責任和權力以及利益都應該留在自己的手上，根本不做分配。這些管理觀點都是非常錯誤的。管理是在責任的基礎上所做的行為選擇，如果是這樣的話，我們需要在界定責任的同時，配備合適的資源，並讓人們可以分享到管理所獲得的結果。因此，基於責任所做的權力和利益的分配，就是最合適的管理行為。

我強調把責任分下去，還有一個更重要的意義，就是只有分配責任，人才會真正地被培養起來。沒有責任，人就無法真正激發出能力和熱情，也無法真正發揮作用。唯有把責任分配下去，讓每一個成員承擔起他的責任，管理才會發揮實際的功能，再加上我們給予和責任相適應的資源和分享，管理的效能就會發揮出來。

第三，管理始終為經營服務

國外倡導領導者做僕人，管理就是服務，我也同意，只是我們需要確認管理到底為什麼服務。如果不明確管理為什麼服務，那麼管理是服務就只能是一句口號而毫無意義。

管理是服務，最直接的意義就是管理始終為經營服務。假若你所處的組織不是以績效評價的，比如我們的職能部門或者政府部門，那麼管理始終為目標服務。因此，管理是服務是有著非常明確的含義，管理不是為任何人服務，它是為經營（目標）服務的。

我們知道管理與經營是管理者需要具備的兩種能力，經營能力就是選擇正確的事做，管理能力就是把事做正確。從這個意義上說經營是第一位，管理是第二位，也就是我以前強調管理不重要的一個根本原因。管理始終為經營服務，可以用這樣一個比較來說明，當在經營上選擇薄利多銷的時候，管理上就要選擇成本管理和規模管理；在經營上選擇一分錢一分貨的時候，在管理上就要做品質和品牌管理；如果像聯邦快遞（FedEx）一樣在經營上選擇「隔夜服務」，管理上就要進行流程管理；如果像戴爾（Dell）一樣用「直接訂製」的策略，管理上就必須做到柔性化管理。看看沃爾瑪（Walmart），沃爾瑪的策略和許多中國企業的選擇是一樣的，「總是用最低的價格銷售」，但是相對於中國企業而言，沃爾瑪成功地成為全球最大的企業、盈利和增長最好的企業，而我們的企業不是。其實，沃爾瑪和我們的企業在經營策略上沒有差異，我們的企業和它的差異就是：管理與經營策略在匹配水準上的差異。

這些例子只是說明這樣兩個觀點：第一，管理做什麼，必須由經營來決定；第二，管理水準不能夠超越經營水準。中國家電企業為什麼這麼容易虧損，並不是這些家電企業的管理不行，反而是這些家電企業的管理水準太高了，超過了它們的經營水準。我們的大部分企業還在薄利多銷的經營水準上，但是很多這樣的企業竟然開始了流程再造的努力，結果一定是虧損！我以同樣的理由開始擔心很多企業的管理培訓，因為我常常被企業邀請為員工講解領導力或者企業策略，我想這樣的培訓會產生反作用的，因為你給員工的培訓超過了員工所承擔的責任，這樣的培訓我稱之為「培訓過度」。當一家企業的管理水準超過經營水準的時候，這家企業離虧損就不遠了。

管理解決的三個效率

無論從實踐的角度還是理論的角度，管理所要面對的就是效率，也可以說管理就是為了提高效率。這個道理所有的人都懂，但是在實際操作中，人們往往忽略了管理的這個本來目的，究其原因就是，大家沒有很理解管理和效率是什麼樣的關係。管理解決的效率到底指的是什麼？了解管理和效率是一個什麼樣的關係，可以從管理理論演變的過程來理解。

管理解決的第一個效率：使勞動生產率最大化的手段是分工

認識管理的人，一定認識腓德烈・溫斯羅・泰勒（Frederick Winslow Taylor），因為泰勒我們知道什麼是科學管理（Scientific management），因為泰勒我們知道工業化的依據，因為泰勒我們能夠得到流水線的概念和實踐，同樣因為泰勒，我們發現管理其實是一種分工。

在更複雜的製造企業中，事實非常清楚，只有以最低的全部支出（包括人力、自然資源和以機器、建築物形式存在的資本費用）完成企業的工作，才能為工人和雇主帶來永久的最大化財富。或者，用另一種方式來說明這個道理：只有在企業的工人和機器的生產率達到了最大，即只有當工人和機器的產出達到了最大，才可以實現財富的最大化。道理很簡單，與你的競爭對手相比，除非你的工人和機器比其他企業的工人和機器製造出更多的產品，否則，你便不能支付更多的工資給你的工人。用同樣的方法，你可以比較同一國家的不同地區，甚至相互競爭的兩個國家，哪個可支付更多的薪酬。總之，財富最大化只能是生產率最大化的結果[1]。

泰勒用一生的時間所要探討的問題，恰恰是管理的本質問題：管理要解決的就是如何在有

1 腓德烈・泰勒（Frederick Winslow Taylor）。在泰勒之前，管理就是一直存在的，只是並沒有去了解，每一個人所做的努力是否有效，也沒有人去分析習慣的做法是否可以改變，泰勒卻關注到了這些問題。一九一一年，泰勒發表了《科學管理原理》一書闡明了這些觀點，被稱為「科學管理之父」。

限的時間裡獲取最大限度的產出，也就是如何使生產率最大化。泰勒在《科學管理原理》（*The Principles of Scientific Management*）一書中，清晰地闡述了獲得勞動生產率最大化的四條原理。

- 科學劃分工作元素。
- 員工選擇、培訓和開發。
- 與員工經常溝通。
- 管理者與員工應有平等的工作和責任範圍。

這四條原理，明確地讓我們了解，對於提高勞動生產率來說，最好的手段就是分工。如果以上推理正確，那麼工人和管理者雙方最重要的目標，就是培訓和發掘企業中每個人的技能，以便讓每個人都能盡其天賦之所能，以最快的速度、用最高的勞動生產率，從事適合他等級的最高工作。科學地劃分工作元素作為第一條，是告訴我們工作分工需要基於科學的角度，而不是憑藉經驗。但是做好了劃分工作元素的工作還不夠，還需要對於承擔分工的員工進行選擇、培訓和開發，這是第二條。泰勒第一次把員工擺在最為重要的位置，也是第一次告訴大家：勞動效率取決於員工的素質和訓練的結果，所以管理者必須和員工進行有效的溝通，必須明確兩者之間有著清晰的分工和相應的職責。保持了這四條原則，勞動生產率就可以實現最大化。

管理解決的第二個效率：使組織效率最大化的手段是專業化水準和等級制度的結合

事實上，管理一直以來都存在著一個基本的命題，就是權力是個人還是組織的。如果從領導理論的層面上來講，一個領導者如果要發揮影響力，必須借助於權力和個人魅力。從這個意義上，權力好像是個人的。但是我們又發現權力本身需要借助於一個組織來發揮作用，如果沒有組織，權力所依託的載體就成了問題，所以這個時候權力似乎又有著組織的特性。

現實生活中我們常常感覺，權力是個人的，憑藉個人的影響力，在組織中發揮威力，於是權力成了很多人苦苦追求的東西。從理論上講，韋伯組織管理的原則約定：權力是組織而非個人。組織管理的核心，就是讓權力從個人的身上回歸到職位上，也就是組織本身上，只有在這種情況下管理效率才會得到最大化。

這樣我們就要了解另一個道理：職位的含義是什麼？以往對於職位的認識，我與大多數人的認識是一樣的，認為職位只是一個分工而已，並沒有把職位看作是權力的最基本條件，也沒有認識到權力並不是權力而是職位的意義。當權力有職位的含義時，就要求權力表現出專業能力，簡單地說，也就是權力需要承擔職責，沒有職責的權力是不存在的。這讓我想起我們在管理中出現人浮於事的狀況。因為我們的很多組織，權力與職位是分離的，所以就出現了權力變成象徵和待遇，很多人苦苦地追求權力，他們所追求的是權力帶來的種種待遇和象徵性。這個時候權力就是一個純粹的權力而已，沒有承擔責任，這樣的存在使得管理表面上是現代管理，實際上是封建管理，與現代管理有著根本的差異[2]。

在今天，我們還是很依靠權力，更依靠領導者個人的能力在企業發揮作用，這是我非常擔心的地方。我們已經進入「個人時代結束，團隊時代開始」的環境中，如果還是無法發揮組織的作用，依然需要依靠領導者個人的作用，那麼我們就無法在今天的環境中求得生存，更不要說求得發展。而如果要發揮團隊的作用，我們就需要像韋伯一樣思考和理性地設計組織，讓個人的權力不再是組織的核心要素，使每一個職位的分工與協作成為組織的核心要素。

除了國外企業所表現出的平台優勢非常明顯外，中國企業我比較欣賞美的集團的組織管理狀態，它處在職位明確、責任明確、激勵明確的組織管理體系中，事業部經理人所展現出來的良好職業心態，正是源於理想設計權力與職位關係的結果。經理人都很清楚，對於他們來說職位就意味著責任，同時也意味著權力，他們很理解權力真實的含義，理解了職位和責任的真實含義，所以他們產出的成果，成就了美的成為中國最好的家電企業之一。

為什麼會出現這樣的情況呢？人們習慣以條件變化來為效率低或效益差開脫。比如，組織不再是一個「封閉的系統」，企業不可避免地要受市場大環境影響。組織採取的任何行動都深受環境的巨大影響（當然組織本身也在很大程度上對環境產生影響），組織的行動會受到外部和內部的各種因素干擾而偏離既定的方向，以上觀點是正確的，所以一些人會認為因為外部環境的影響導致組織效率無法控制，而我們也只好接受。

組織中不再存在明確的槓桿。以往我們習慣運用組織明確的槓桿去做管理調整，例如我們可以透過裁員來提升組織的盈利能力，可以透過輪職來提升管理人員的管理能力，透過流程重組來提升組織的效率。但是現在這種簡單的線性關係已經不存在，也許你在裁員的時候，競爭對手已經透過新產品替代了你的產品，你在提升管理者能力的時候，市場已經需要全面的技術替代。

我們習慣的努力，再也不能輕易得到你所想要的結果，因為今天已經不能「呼風喚雨」，甚至不是「種瓜得瓜，種豆得豆」的時代。所以，當人們以此認為組織效率更加無法有明確調整因素的時候，我們似乎也無法不同意他們的觀點。但是，如果真的如此，組織就無法適應這個變化的環境，也就無法真正發揮管理的功效。

但組織可以以它自身獨特的特性——系統化的人的組合，繼續來發揮作用。之所以有上面的誤區，是因為我們在今天的管理中，忽略了兩個關鍵問題，而對這兩個關鍵問題的理解，構成了組織管理的基礎，也就是影響組織效率的兩個關鍵要素。這兩個關鍵問題是：專業化能力

2 馬克斯．韋伯（Max Weber）是德國著名的古典管理理論學家、經濟學家和社會學家，十九世紀末二十世紀初西方社會科學界最有影響的理論大師之一，被尊稱為「組織理論之父」。他的官僚組織模式（Bureaucratic Model）理論（即行政組織理論），對後世產生的影響最為深遠。

和等級制度[3]。

因此，組織效率最大化的手段是專業化水準和等級制度的結合。一方面我們需要強化專業化的能力，無論是管理者、領導者還是基層人員，只有貢獻了專業化的水準，我們才能算是勝任了管理工作；另一方面需要明確的分責分權制度，只有職責清晰的分工、權力明確的分配、等級安排合理、組織結構有序，管理的效能才會有效地發揮。專業化水準和等級制度的結合，正是組織效率最大化的來源。

管理解決的第三個效率：使個人效率最大化的手段是個人創造組織環境，滿足需求，挖掘潛力

我常常觀察管理者在日常管理中很注重做什麼，竟然發現絕大多數管理者把更多的精力放在事務性的工作中，很少花時間在員工身上，他們寄希望於員工自己的能力和素質，寄希望於管理系統與管理制度。員工能力和素質以及管理系統與管理制度都會發揮作用，但是這些作用不會自然而然地發生，它們需要觸動和推進，能夠觸動和推進的就是管理者對於員工的激勵。

其實我們現在為了管好人，也都設立了人力資源部門，但把人員激勵的工作歸給人力資源部門，這是大錯特錯的。員工的工作是管理者自身重要的工作，不是一個職能部門的工作，如果人力資源工作是一個職能部門的職責而非所有管理者的職責，結果就是員工在組織中「自生

自滅」，有能力的員工自己成長起來，沒有能力的員工自己喪失成長的機會。只有每一個管理者從事人力資源工作，這個組織才能夠讓所有的人力資源發揮作用。

激勵要以團隊精神為導向。這幾年來我們在激勵方式、激勵手段以及激勵的投入方面做了大量的努力，但是收效並不顯著，今天的獎金已經不再具有長期激勵效應，股權計畫和年薪制度在很多時候是一個必需的條件，而不是激勵。導致這樣現狀的原因，其實是以往我們的激勵是以個人成功為導向的，所以當個人成功需要團隊來支撐的時候，原有的對於激勵的理解和運用，就明顯無法達到預期的效果。今天是一個需要借用團隊智慧和能力來競爭的環境，運用以團隊精神為導向的激勵才會發揮效用。

把員工需求和組織發展的目標連結在一起，還有短期目標和長期目標衝突的問題，雖然複雜但管理必須平衡這些目標和衝突，不能夠只關注組織目標而忽略了個人的需求，也不能夠只強調個人需求而傷害組織目標，只有兩者都能夠得到關注並實現，管理才能夠有效。因此，我認為能夠讓組織目標和個人目標合二為一的激勵，就是有效的激勵。

3 一九一六年，《工業管理與一般管理》出版，亨利・法約爾（Henri Fayol）提出著名的「管理要素」，標誌著一般管理理論的誕生。法約爾認為低層員工的基本能力具有公司的專業特徵，領導人的基本能力是一種管理能力。為了能夠讓所有人具有這些專業能力，法約爾特別強調了管理教育的重要性。

除了激勵，「職業圍城」現象也很嚴重，有些人找不到工作頭疼，又有很多老闆遭遇員工跳槽頭疼。個人與組織都想以最小的投入獲得最大的產出。在這個方面，理性的認識是非常重要的，在管理中之所以常常出現核心人才流失的現象，一方面是因為人才本身的選擇，另一個方面是管理者沒有理解到個人在投入產出方面所做出的衡量。絕大部分的管理者會關注組織的投入產出，但是往往會忽略個人的投入產出，還有管理者堅持認為每一個人都應該為組織做貢獻，之後再看得到什麼。表面上看這個要求並不過分，但是由於忽略了人們對於他自己投入產出的評估，而這個評估決定他們的行為選擇可能就是短期的，在現在急於求成的社會大背景下，更會助長浮躁之風。

管理正是要解決企業的三個問題：第一，如何使勞動生產率最大化？第二，如何使組織效率最大化？第三，如何使個人效率最大化？這三個問題正是管理的基本問題，或者說管理實現效率就是實現勞動效率、組織效率、個人效率。

但是這還不是我最要強調的觀點，我更要強調的是勞動效率、組織效率和個人效率是一個不斷遞進的過程，也就是說先有勞動效率的獲得，再尋求組織效率，之後再發揮個人效率，才能達到最好的結果。我這樣堅持，是因為我們不這樣安排，強調個人效率在前、勞動效率在後，這會導致最終沒有效率。因為只有具有勞動效率之後，我們才具有支付能力，有了支付能力，才能夠真正為組織效率和個人效率的提升奠定基礎，而不是讓人們努力付出後才能考慮有所得。

很多人問我，是否應該在創業開始就設計股權激勵，我並沒有完全反對，但是有一點還是要注意，就是股權激勵最終兌現支付的問題。如果設計的股權激勵根本就沒有支付的能力，這樣的設計表面上看是一種發揮個人才幹的方法，但是實際上不會產生效果。我欣賞一家公司的做法，覺得它確實管理水準很高。開始創業的時候，它為管理人員設計了高額的獎金制度，只要你取得業績，就可以得到高額的獎金，而且不設上限。當企業有了一定的規模和影響力的時候，開始設計管理人員的分紅計畫。當企業具有客觀市值的時候，創業者決定為公司最核心的管理人員配送股份，每一個人都有五百萬股，而這個時候它的市值是每股六十多元人民幣。當走到這階段的時候，因為企業具有足夠的支付能力，也讓管理人員了解到自己與企業的切身關係，相信他們願意一輩子把所有的才智都貢獻在這家企業裡。

如何讓管理有效

一直以來，我們在管理中耗費了極大的精力，也做出了極大的努力，但是成效卻不盡如人意。三十年來，中國企業的經理人在不斷學習各種方法與新理論，但是，如同中國企業界人士翹首以望的傑克．威爾許中國之行最終感受到的是失望一樣，人們發現，威爾許神話無法在我們身上實現。難道是這些理論錯了？沒有。難道是我們沒有學到真東西？也不是。那些理論都是對的，也是真的，但是問題在於，我們自己對於管理的理解只對了一半。

管理最為重要的作用，就是把人們聯繫在一起工作，共同實現組織目標。因此，怎樣提高組織整體力量就成為管理中永恆的主題之一。如果是這樣的話，管理者就承擔了這個最重要的使命：提升整體的力量，延續個體的價值。

在《杜拉克談高效能的5個習慣》（*The Effective Executive*）這本書裡，杜拉克先生明確地指引了管理者的價值所在。我尤為認同他對於卓有成效的理解和判斷。

傳統管理者與有效管理者的區別是什麼？在杜拉克先生看來，傳統管理者專注於煩瑣的事務，因為他們只是關心發生的事務，所以這些管理者所有的時間都在處理別人的事情上，簡單地說，就是傳統管理者的時間屬於別人，這是傳統管理者的第一個特徵。

傳統管理者的第二個特徵是：身在職位上，處在什麼職位上，就用什麼樣的思維方式來看待問題，所以導致部門之間的不合作，導致很多管理者「屁股指揮腦袋」，不知道整個系統所需要的條件是什麼。傳統管理者的第三個特徵是只專注於事務，忽略了對人的培養，他們總是認為沒有人能夠成長起來，下屬總是不能夠很順利地完成任務。在觀察杜拉克先生所描述的傳統管理者的時候，我很認同，因為我發現大部分的管理者都具有杜拉克先生所描述的傳統管理者特徵，這也是我們管理效率不高的主要原因。

那麼，有效的管理者具有什麼樣的特徵呢？有效管理者的第一個特徵就是進行時間管理。有效管理其實是時間管理，他們能夠確定重要的事情，確定優先順序，確定重要的事情一定會有合適的時間進行安排，確定每一件事情都有時間的設定，都能夠合理地解決。在有效管理者那裡，不存在「忙」這個概念，所有的事情都會有序和合理，進而也就有效。

有效管理者的第二個特徵是系統思考。對於每一個人而言，如何在組織裡發揮作用，如何尋找到合適的位置，取決於如何思考，如果不能夠認識到個人和組織的關係，不能夠認識到整體和局部的關係，無論這個人能力多強，也無法發揮作用。只有認識到整體最大，局部和個人服從整體的時候，借助整體的力量，局部和個人才會發揮最大的效能。有效管理者的第三個特徵是培養人。對於人的培養是管理者最根本的職責所在，如果可以讓每一個成員成長起來，管理的績效就會得以發揮，如果可以讓每一個成員勝任職責，組織的效率就會提升，因而培養人是有效管理者的特徵。

杜拉克先生這樣描述管理者：管理者就是貢獻價值。杜拉克先生清晰地告訴我們什麼是管理者：「管理者本身的工作績效依賴於許多人，而他必須對這些人的工作績效負責。」、「管理的主要工作是幫助同事（包括上司與下屬）發揮長處並避免用到他們的短處。」這正是管理者的價值所在，如果管理者能夠貢獻自己的作用，讓下屬和上司發揮績效，管理者自身的績效也就表現了出來；如果管理者自己發揮績效並替代所有的下屬或者上司，那麼這個管理者就不能夠被稱為管理者。[4]

企業組織的管理內容

概括地講，企業的管理內容包括計畫管理、流程管理、組織管理、策略管理和文化管理。這五項內容是一個遞增的關係，要求企業依次實現這些管理內容，換句話說，就是第一先解決計畫管理的問題，之後解決流程管理的問題，依次是組織管理，然後是策略管理，最後是文化管理。這個順序不能夠顛倒，不能夠打亂，也不能夠只做一個而忽略其他。一個好的企業管理，是需要這五項內容和諧發展、協同作用的，而這五項內容的協同就是企業的系統能力。一家具備系統能力的企業才有希望具有核心能力。

計畫管理：回答資源與目標是否匹配的問題

計畫管理常常被人們和計畫經濟連結在一起，這種偏見帶來的直接後果是我們的管理處在無序狀態。而對於計畫本身的理解，無論是企業內部還是企業外部，都認為計畫是一組數據，是一個考核指標的指導文本，沒有人認真地想過，計畫本身是一個管理內容。計畫管理要解決的問題，不是數據，不是年終的考核指標，更不是文本。計畫管理要解決的問題是：目標和資源之間的關係是否匹配，計畫管理就是要目標與資源的關係處在匹配狀態，這是一個最為基礎的管理內容。因此，計畫管理由三個關鍵元素構成：目標、資源和兩者匹配的關係。

目標是計畫管理的基準。計畫管理在管理理論中也被確認為目標管理。目標管理的實現需要三個條件：第一，高層強有力的支持；第二，目標要能夠檢驗；第三，使目標清晰。資源是計畫管理的對象。計畫管理事實上是管理資源，而不是管理目標。很多人對於計畫管理的理解多是與目標連結在一起的，也通常會以為目標是計畫管理的對象，其實計畫管理的對象是資源，資源是目標實現的條件，如果我們超越變化讓計畫得以實現，唯一的辦法是獲得資源。

目標與資源兩者匹配的關係是計畫管理的結果，也可以說兩者的匹配關係是衡量計畫管理好壞的標準：當所擁有的資源能夠支撐目標的時候，計畫管理得以實現；當資源無法支撐目標或者大過目標的時候，要麼浪費資源，要麼「做白日夢」。所以很多時候我並不關心企業確定什麼樣的目標，企業設立多大的目標，我只是關心這家企業是否有資源來支撐它的目標。當我們的企業高調進入國際市場的時候，我會看它是否擁有國際的人才、國際通路、國際標準的產品，如果沒有這些，空有一個理想、一腔鴻鵠之志也是徒勞。

4 彼得・杜拉克（Peter Ferdinand Drucker）被稱為「大師中的大師」，是因為他一直關注管理實踐以及管理的使命和責任。他認為管理者必須卓有成效。

流程管理：解決人與事是否匹配的問題

如果簡單描述流程管理，其實就是人人有事做，事事有人做。我可能比很多人都熱衷於流程，因為解決企業效率的問題，流程是關鍵。我總是想，為什麼流程管理我們總是做不到位，也許文化是一個藉口，因為中國人的行為習慣決定了我們更喜歡職位多過流程。可是，我們還是看到把流程處理得很好的中國企業，如海爾、華為、聯想，歸結起來，流程管理還是能夠做得到。實現流程管理需要改變管理的一些習慣，我簡單歸納為三點：一是打破職能習慣；二是培養系統思維習慣；三是形成績效導向的企業文化。

打破職能習慣。職能導向側重於對職能的管理和控制，關注部門的職能完成程度和垂直性的管理控制，部門之間的職能行為往往缺少完整有機的連結。它沒有確定時間標準，這一最重要的工作標準一般是由該部門主管臨時確定的，這就大幅加重了主管的工作量，又由於標準不確定，導致整體工作效率大幅降低。因此，我們必須打破職能的習慣。

培養系統思維習慣。流程導向側重的是目標和時間，即以顧客、市場需求為導向，將企業的行為視為一個總流程上的流程集合，對這個集合進行管理和控制，強調全過程的協調及目標化。每一件工作都是流程的一部分，是一個流程的節點，它的完成必須滿足整個流程的時間要求，時間是整個流程中最重要的標準之一。因此在流程的前提下，時間作為基本坐標決定了我們需要系統地思考問題，而不是僅僅依據自己所在的部門或者所處的位置，我們必須學會系統思維，形成績效導向的企業文化。

形成績效導向的企業文化。「人人都有一個市場，人人都面對一個市場」，實施流程導向中激勵各成員共同追求流程的績效，重視顧客需求的價值是海爾實施流程管理的一種灌輸方式，這種方式恰恰讓我們看到形成以績效為導向的企業文化是流程管理的保障。透過讓員工理解的概念，激勵每位員工參與流程再造，重視員工的建議等等，以完成這個艱鉅的管理方式的改變，沒有這樣的文化氛圍，流程管理只能是流於形式，這也是中國有的企業引入流程再造不能夠取得成功的根本原因。

組織管理：回答權力與責任是否匹配的問題

權力與責任，一直是管理中需要平衡的兩個方面，讓這兩方面處於平衡狀態是組織管理要解決的問題。實現組織管理需要兩個條件：專業化與分權。

專業化。專業化能夠解決很多東西，包括服務的意識、分享的可能，更重要的是專業化解決人們對於權力的崇拜。如果說我們還需要保留職能的話，那麼解決職能所帶來的負面影響的有效途徑，是專業化的水準。如果一切以專業為標準，我們尊重的是標準和科學，人們不再依靠權力和職位來傳遞訊息與指令。

分權。分權是我看到組織中最難做到的一個方面，有時候企業有分權手冊，也有分權制度，但是實施起來常常走樣，很多高層經理人喜歡把分權看作調整人事的武器，或者把分權看成是一種政策的資源。如果分權作為政策資源，這個時候經理人做的不是組織管理，是領導管理，也不是分權而是授權。分權的根本標誌是一旦權力做了分配，分配者就不再擁有這個權力，當權力可以調整的時候一定是授權不是分權。很多人喜歡混淆分權與授權的界限。

策略管理：解決企業核心能力的問題

有三個基本特徵組成了企業的核心競爭力：①核心競爭力提供了進入多樣化市場的潛能；②核心競爭力應當對最終產品中顧客重視的價值做出關鍵貢獻；③核心競爭力應當是競爭對手難以模仿的能力。顯然，這三個特性都反映出核心競爭力的最關鍵要素：從顧客需求的角度定義企業的核心競爭力。不符合顧客需求、不能為顧客最重視的價值做出關鍵貢獻的能力，就不是核心競爭力，核心競爭力首先應當是深入理解並準確把握市場和顧客需求的能力。對於這一點，海爾是這麼總結的：「與顧客零距離就是與競爭對手遠距離。」

核心競爭力的建立和培育，對於確立企業的市場領導地位和競爭實力，是極為重要的。為此，企業必須站在策略的高度上從長計議，企業自己需要審查經營的業務、所擁有的資源和能力，觀察市場需求和技術演變的發展趨勢；透過運用企業的創新精神和創新能力，獨具慧眼地識別本企業的核心競爭力發展方向，並界定構成企業核心競爭力的技術有哪些，這些就是策略管理需要回答的問題。

因此簡單地講，策略管理就是為得到核心競爭力所做的獨特管理努力。在企業核心競爭力要素的整合過程中，需要相關的機制與環境條件加以支持。策略管理包括有利於學習和創新的組織管理機制，創造充滿活力的創新激勵機制，以市場為導向、以顧客價值追求為中心的企業文化氛圍，依賴既開放又相互信任的合作環境。更簡潔地說，當企業透過實現市場和顧客價值得到了效益，企業就必須透過內部管理進一步提高效率，這樣內外結合可構成既有企業自身特色，又符合外部市場需求的差異競爭優勢。

基於這些，我們認為企業核心競爭力同樣是一種以企業資源為基礎的能力優勢，而且是異質性策略資源，如技術、品牌、企業文化、行銷網絡、人力資源管理、資訊系統、管理模式等。只有在這些方面進行強化凸顯，建立互補性知識與技能體系，才能使企業獲得持續性差異競爭優勢。

文化管理：解決企業持續經營的問題

企業為什麼或者追求什麼樣的目標，肩負何種使命，擁有什麼樣的價值標準，是企業能否可以持續的根本因素，而這些問題的回答正是企業文化所承擔的責任。《富比世》（*Forbes*）每年一度的美國富豪排行榜揭曉，這通常是英雄的盛典。因為進入美國富豪榜的人，很少有新鮮的面孔，他們的財富是慢慢累積起來並可以公開度量的。每到中國富豪榜揭曉，卻都讓我們感到生存和毀滅的神祕矛盾。因為除了一些傳奇故事，大多都經不住理性的推究和考量。於是人們注意到了富豪與企業領袖的區別，單憑財富並不能成為這個社會的棟梁，企業領袖終於成為人們關注的焦點。

企業領袖成為聚焦的中心，反映了一種複雜的社會過程。而企業領袖代表著民族精神的方向標，一家企業的文化根源，是企業領導人的思維因果和管理方式的體現。因為思維方式不同，我們可以看到企業能否持續。企業文化既是企業的核心靈魂，也是企業的本質特徵，是基於企業家推崇和執行的管理方式下產生的團隊績效。從管理方式的角度定量，管理方式對企業文化的推動有這樣的發展過程：人事制度↓人的管理↓企業管理方式↓核心價值觀↓企業文化。

隨著企業的發展，企業文化的發展通常歷經企業家個性魅力（企業家文化）↓團隊個性魅力（團隊文化）↓企業個性魅力（企業文化）↓最終形成的社會個性魅力（競爭性文化）。從企業文化的發展進程來看，中國企業在過去的三十年時間裡，已經逐步形成和提煉出具有創新導向的企業文化；隨著市場競爭及國際化競爭的日益激烈，中國企業正在推動著自己的企業文化向願景導向的競爭性文化轉型，這其中必然還有相當長的路要走。所以企業文化建設是一條漫長的路，這條路伴隨著企業持續成長的腳步。

最後需要說明的是：計畫管理、流程管理和組織管理被稱為基礎管理，這是企業生存的關鍵。策略管理和文化管理是更高層次的管理，不要把策略管理和文化管理放在企業管理的基礎上來做，那樣會適得其反。

2

什麼是組織

組織是為目標存在的，組織裡的人與人是不平等的。

人類為了生存和發展，需要有組織（有共同目標的人群集合體）。因此，怎樣提高組織能力，就成為管理中永恆的主題之一。

組織的理解

了解和關注組織是每一個人必須掌握的知識，尤其是管理者。我之所以這樣認為，是因為大多數在組織裡工作的人們並不理解什麼是組織。這樣導致的結果是：很多在組織裡的人並不開心，更多的人認為他們被組織抹殺掉。查爾斯・韓第（Charles Handy）說：「在我看來，有時候組織會成為禁錮人們靈魂的監獄。我自己在組織中工作時常常會有這種體驗。」這位被稱為組織管理大師的人這樣來描述組織，也讓我們了解到組織和個人有著極其微妙的關係，如果我們不能夠好好地管理組織，那麼對於個人來說是極其痛苦的事情。

在我看來：組織的存在是為了實現目標，組織管理的存在是為了提升效率。

組織的屬性決定了組織自身有著自己的特點，作為一個需要對目標和效率做承諾的人群集合體，我們需要還原組織自己的特性，因此對於組織的正確理解是：

第一，「公司不是一個家」。

在現實的管理中，我們的管理一直存在一個非常錯誤的觀點，認為公司就是一個家，一直以來，很多管理者認為需要成為「父母官」，很多人都認為「應該以公司為家」，但是這些觀點其實是非常不對的。公司到底應該是什麼樣的狀態，我們還是需要回歸到組織本身的屬性上。當一個人與組織連結的時候，對於這個個體來說，組織和個人的關係如何理解就變得非常重要。當我們說「公司不是一個家」的時候，就表明組織不會照顧個人，也就意味著在組織中我們是用目標、責任、權力來連結，而不是用情感來連結的。

組織有正式組織與非正式組織之分。正式組織就是指運用權力、責任和目標來連結人群的集合；非正式組織是指用情感、興趣和愛好來連結人群的集合。我們在管理概念下主要是談正式組織，因為當說到組織管理的時候，應該就是談論責任、目標和權力，所以，組織理論從簡單的意義上講，就是探討責任與權力是否匹配的理論，組織結構設計從本質意義上講就是一個分權、分責的設計。所以當我們理解組織的時候，也就意味著對於組織而言，不能夠談論情感、愛好和興趣，不能夠希望組織是一個「家」。我們只能夠抱歉地告訴人們組織不是家，組織更注重的是責任、權力和目標，當目標無法實現的時候，組織也就沒有了存在的意義，而組織中的人也就失去了存在的意義。

上課的時候，我常常問大家一個問題——「家庭是什麼樣的組織」，在這個時候，很多人都不確定家庭是正式組織，真是奇怪的現象。但是為什麼會出現這樣的情況呢？因為家庭是一個非常奇特的組織，從組織屬性上講家庭是正式組織，但從管理的屬性上講家庭是非正式組織管理。所以回到家裡，一定要講情感、愛好和興趣，千萬不要講責任、目標和權力。可是我們常常看到的情況是反過來的，到家裡人們大講責任、權力和目標，在家裡爭論誰的權力大，責任應該是誰的，而且為家庭設計了非常高的目標。結果發現，家裡人常常因為誰說了算而大傷感情，常常因為家裡誰該做家務，做飯是誰的責任而不和；相反到了企業裡，人們大講感情、愛好和興趣，不斷地希望能夠被照顧，不斷地強調需要和諧，不斷地尋求「家」的感覺，覺得應該讓每一個人都得到關心。

其實這剛好是錯的，在家裡根本就沒有責任和權力的劃分，雙方需要不斷地增進感情，培養共同的愛好和興趣，雙方共同承擔責任，讓生活充滿愛及和諧。而在企業裡不能夠從情感出發，組織存在的理由就是創造價值，如果不創造價值就不可能存在，而創造價值就需要承擔責任、需要權力，從而實現目標，因此感情不是首要的，如果沒有價值創造，再關注人的組織也是要被淘汰的。所以，我一直認為，組織管理中最為根本的困擾是我們違背了組織的屬性，忘記了管理需要面對責任、目標和權力，而不是培養情感。

所以，當你發現一家企業非常講究分工、責任和目標的時候，你應該珍惜這家企業，因為這家企業具有很好的組織管理特性。當你發現一家企業除了講究分工、責任和目標之外，還能夠照顧到員工情緒和愛好，還能夠給予情感方面的關注，那麼你一定要非常熱愛這家公司，因為這是一家好公司。當一家公司沒有照顧到你的情緒而有效率的時候，這是一家正常的公司；當一家公司既有效率又有情感的時候，這是一家好公司；當一家公司有情感而沒有效率的時候，這家公司一定有問題。

第二，組織必須保證一件事由同一組人承擔。

很多管理者都被複雜的組織管理搞得焦頭爛額，無所適從。人們總是從制度建設、激勵體系和人員素質方面著手，認為這些措施可以解決組織混亂的問題，但是無論大家怎樣努力，管理制度的健全、激勵體系的完善和人員素質的提升，根本的問題還是沒有解決，所以大家又開始嘗試用末位淘汰或者內部競爭的方式來解決問題，經歷了幾年的努力，發現效果也不明顯，問題仍然存在。

為什麼？一個根本的原因是：我們沒有理解到組織需要明確的責任、權力和目標。也就是說，同一個權力、責任和目標必須是同一組人承擔。在組織中看到結構臃腫、效率低下、人浮於事、責任不清、互相推諉的情況出現的時候，你必須先看看是否存在同一件事情有兩組人在做，同一個責任有兩組人在承擔，同一個權力有兩組人在使用，這是出現上述情況的原因所在。這些情況我們可以用一個詞來表述，這個詞就叫「組織虛設」。

虛設的組織在企業中大量存在，比如一家企業有市場部門但是又設有行銷部，沒有分清市場部和行銷部的分工，結果市場部沒有研究市場，反而做了很多促銷的設計、終端的規劃，而這些職能恰恰是行銷部的職能，到了經營結果出來的時候，根本無法分清市場部和行銷部應該誰對績效結果負責任。更可怕的是很多企業設有各個職能部門，但是又專門設一個管理部，通常會稱之為「綜合管理部」。有了這個部門，你就會發現企業所有的職能部門都只會做容易做的，不容易做的事情就推給綜合管理部，結果綜合管理部成為不管部，最後職能部門虛設，所有的問題都會集中到綜合管理部，責任就根本無法界定，而資源卻被耗費光了，因為大家都有責任，也都不需要負責任。組織中最可怕的就是「組織虛設」。

第三，在組織中人與人公平而非平等。

在社會結構中，人與人之間是以生存為前提的存在，人們受到法律和道德的雙重約束。在法律和道德面前，人與人應該是公平而且平等的。但是在一個組織結構中，人與人之間是以實現目標為前提的生存，人與人應該承擔各自的責任和目標，從而擁有了不同的權力，因為這些的不同，所以人與人應該是公平的但非平等的。也許這樣的解釋有些不科學，但是如果你願意好好地去理解，應該能夠接受這個說法。

組織的重點是人，這是完全可以確信的。但是在這個前提下，我們還必須了解到組織更強調服從而不是平等。我一直對軍隊有著濃厚的興趣，一個這樣的組織，所有的成員來自不同的地方，具有不同的習慣和能力，但是進入到軍隊組織中，這些各色的人很快融為一體，成為一個勇於承擔、實現目標的強大團隊。是什麼原因可以締造這樣的團隊，人們給出很多答案，但是共同的一個特點就是：絕對服從。他們沒有強調個人，沒有強調自己的想法，所有人努力服從組織，努力實現組織的目標，每一個人自覺地成為組織的成員，而不是成為自己。

尊重每一個人平等的權力是非常基本的要求，我從來都堅持這是必要而且是必需的。但是相對於組織而言，如果我們進入管理狀態，組織目標就成為高於一切的東西，每一個人都需要服從組織的目標，都需要不斷地問自己「我為組織做了什麼」，這樣的狀態就是組織中合理的個人狀態。因而把自己擺放在組織的結構裡面，充分理解組織中自己所處的位置，相應地做出行為選擇，承擔自己的責任，你就會感受到因為理解組織而獲得的快樂。

第四，分工是個人和組織連結的根本方法。

組織的能力來源於分工帶來的協作，沒有分工就沒有組織結構的活力。對於組織而言，無論是結構設計，還是人員的選擇，如果使用得當，可以簡化和澄清組織中一個很關鍵的問題，也就是「誰控制什麼」的問題。在任何一家公司中，清晰的溝通線、控制線、責任線和決策線都是至關重要的。得到這個清晰的脈絡，需要分工的設計，不能夠依靠人的自覺，或者管理的制度，組織結構本身就應該做好這件事情。

很多公司對於自己管理制度的健全和完善津津樂道，但是，我更傾向於先解決組織分工的問題，管理制度越少越好，因為制度本身就是一個成本。在我心目中，好公司的狀態是：一個有機的組織，一個健康有活力的文化，一個有效的分配制度——這樣一家企業管理體系就足夠了。

組織的分工主要是分配責任和權力。組織必須保證對於一家企業所要承擔的責任有人來負責，同時讓負有責任的人擁有相應的權力。因此，組織中個人和組織的關係，事實上是一種責任的關係，分工讓每一個人和組織結合在一起，同時也和組織目標結合在一起。組織分工需要理性設計和法律界定，對於分工沒有共同的承諾和認識，沒有對於分工的權威認同，事實上是無法實現組織管理的。

組織因目標而存在

組織既有人的因素、也有資源的因素，但是能夠把人們連結在一個系統中的關鍵因素，卻是目標。有些人認為人們之所以集合在一起是因為利益，也有些人認為人們集合在一起是因為共同的理念，也許這兩個因素都成立，但這不是真正集合人群的因素，只有共同的目標追求，才會把人們連結在一起。不同的目標設計，就會導致不同的人群聚集在一起，也決定了人們不同的行為選擇和價值判斷，因此目標決定組織存在的意義。[1]

正因為此，在組織的理解中，對於目標的正確認識就非常重要了。組織的目標應該明確而且單純，特別要強調的是時間，在一定時間內，只有單純的組織目標才能夠有效地被實現。

對於組織目標而言，時間概念尤為重要。記得有一次在上「組織行為學」課程的時候，一個身處高階經理人職位的學生問我，「追求技術領先是不是企業的目標」，讓我很驚訝。其實對於企業組織而言，它的目標非常簡單：持續的獲利能力。一般認為，合理的策略始於確立正確的目標。而我可以套用麥克．波特（Michael Porter）的觀點：能支持合理策略的唯一目標，就是超強持續的盈利能力。如果你的公司不是從這個目標出發而是直接奔向這個目標，那麼，公司很快就會被引到摧毀策略的歧路上。讓我們來看看，如果公司的目標是為顧客創造價值、獲得盈利之外的任何東西，譬如這個目標只是將公司做大，或者是成為技術領導者，那都會使公司陷入麻煩之中。因為這些時候，你為了追求這些看似正確的企業目標，投入了所有的資源，但換回來的可能是失去企業持續獲利的能力。

1 巴納德（Chester I. Barnard）關於組織理論的探討，至今幾乎沒有人能超越，西方管理學界稱他是現代管理理論的奠基人。他首先提出一套有關在正式組織中合作行為的綜合理論。組織能否發揮效用，取決於組織本身能否帶動組織成員一致性的行為。

這裡其實是一個因果關係，企業組織因為超強的持續獲利能力，而獲得了技術領先以及規模擴大，千萬不能夠反過來把因果倒置，當企業追求大、追求技術領先、追求快速成長的時候，必須記得這些不是組織的目標，這些只是過程中的一個個環節，是一個個結果，但不是目標。

分析一家企業成功或者失敗的時候，可以找出很多原因來。不過如果你願意好好思考一下組織目標存在的問題，或許答案會簡單很多。我可以用另外一個現象來對比說明，人也是一個組織，當然也同樣要求每一個人的目標必須明確而且單純。但是，對於所有因為腐敗問題而葬送了一生的人來說，錯誤的根源也是目標不夠單純而明確，當你決定承擔公共社會責任的時候，就不應該再把經濟利益作為自己追求的目標，如果存有經濟利益的目標，犯錯誤就不可避免。企業組織也是一樣，因此企業需要在不同的時期，使得自己的目標明確並且單純，只有這樣，企業才能夠不至於因為目標的混淆或者多個目標的選擇，而耗費了資源。

組織內的關係是奉獻關係

對於組織內應該是一種什麼樣的關係，好像沒有人認真地分析過。有人認為組織內人與人的關係是管理與被管理的關係，組織裡只有管理者和被管理者兩種人；一些人認為組織內是合作關係，人和人是平等、合作的，每個人根據自己的職責，承擔著任務和責任，為完成任務而相互合作。

其實，一個人若不懂得在團隊中主動貢獻，總是讓團隊為了他而特別費心協調，就算他能力再強，也會變成團隊進步的阻力。我們需要明確：組織內人與人之間是奉獻關係，不是管理和被管理關係，甚至也不是「合作」關係。

很多人遇到過這樣的情況，當把很優秀、能力非常強的人組織起來的時候，並不一定會得到最好的績效。如果讓能力相當的兩個人在一起工作，得到的結果可能是：要麼一個人不表現他的能力，要麼這兩個人對著幹。也許我說得有些絕對，我雖然同意優秀的人會產生好的績效，但是更多的情況是，把優秀的人放在一起，可能效果並不是最好。

因為姚明，我開始看美國ＮＢＡ賽事，二〇〇八年這一季最令人驚訝的是火箭的「ＭＭ」組合總讓人覺得失望，但這個結果反而符合了上面談論的邏輯。如果認真分析火箭隊取得勝利的場次，就會看到「ＭＭ」組合是以奉獻的面目出現，沒有以誰為主的說法，其實每個人都要奉獻，結果就會贏得勝利。

身為電腦工程師的朋友在公司人事縮減時被裁掉，他難過極了。

「我又沒有犯什麼過錯，」他沮喪地問同事，「經理為什麼選擇把我裁掉？」

朋友回家想了好多天，一直擺脫不了心裡的不滿和疑惑，終於決定親自找經理談一談。

「我只是想了解一下這次裁員的原因。我知道這次為了精簡公司編制，總得有人被裁掉，但我很難不把裁員的原因和我的表現聯想在一起。」朋友將在心裡排練好久的話一口氣全講了出來：「如果真的是我的表現不好，請經理指點，我希望有改進的機會，至少在下一個工作上我不會再犯一樣的錯誤。」

經理聽完他的話，愣了一下，竟露出讚許的眼神：「如果你在過去的這一年都這麼主動積極，今天裁的人肯定不會是你。」

這回換朋友愣住了，不知所措地看著經理。

「你的工作能力很好，所有工程師裡你的專業知識算是數一數二的，也沒犯過什麼重大過失，唯一的缺點就是主觀意識太重。團隊中本來每個人能力不一，但只要積極合作，三個臭皮匠就能勝過一個諸葛亮。如果隊友中某個不懂得主動貢獻，團隊總是為了他必須特別費心協調，就算那個人能力再好，也會變成團隊進步的阻力。」經理反問他：「如果你是我，你會怎麼辦？」

「但是我並不是難以溝通的人啊！」朋友反駁。

「是沒錯。但如果你將自己的態度和同事相比，以十分為滿分，在積極熱心這方面，你會給自己幾分？」經理問。

「我想我明白了。」朋友說。原來自己是個「可有可無」的員工。

這個小案例反映了一個明顯的道理，能力是非常重要的，是你能夠勝任工作的一個必要條件，但是同時還有一個更重要的條件，就是對於組織而言你是否願意熱情地付出，如果你不肯付出，總是讓組織遷就你的習慣，那麼即便你具備非常強的能力，對於組織而言都是「可有可無」的。

在今天談奉獻，很多人會覺得有點不合時宜，但是我真的認為如果你要理解組織內的關係，就要理解為奉獻關係，沒有奉獻作為基礎，組織關係是不成立的。組織內的人與人之間是相互付出的關係，部門與部門是相互付出的關係，上級與下級之間是相互付出的關係，在這樣的相互奉獻關係中，組織才會真正地存在並發揮作用。

奉獻關係所產生的基本現象是：每個處於流程上的人，更關心他能夠為下一個工序做什麼樣的貢獻；每個部門都關心自己如何調整才能夠與其他部門有和諧的接口；下級會關注自己怎樣配合才能夠為上級提供支持，而上級會要求自己為下級解決問題並提供幫助。也許你會覺得我的描述太過理想化，但如果不是這樣做，組織就只是一個存在的結構而不能夠充分發揮作用。

但是我們遇到一個難題，就是如何讓組織關係變成奉獻的關係。我想也許可以從以下幾個方面來著手。

第一，工作評價來源於工作的相關者。很多組織的人員評價會採用各種評價的方式，但是不管使用什麼樣的方式，共同點都是「工作評價會以工作結果作為評價的根本對象」。如果想要獲得奉獻的關係，需要改變評價的主體以及評價根本對象。在這個評價體系中，最為關鍵的評價主體是與工作相關者，只要在流程上相關的人，都是你工作評價的主體。如果你的上司沒有與你構成流程關係，就不需要作為你工作評價的主體。同時，不僅僅評價你的工作結果，還要評價你的工作貢獻。舉個例子，假設你把工作完成得很好，但是因為你認為別人都沒有你做得好，所以你採用自己一個人獨立完成的方式，雖然工作的結果很好，但是其他人因為沒有機會參與工作而無所事事，我們就不能夠評價你的工作很好。

第二，「絕不讓雷鋒吃虧」，這是華為公司企業文化中非常重要的一個準則。讓我們一起分享《華為基本法》的第四條和第十四條，華為精神是：「愛祖國、愛人民、愛事業和愛生活是我們凝聚力的源泉。企業家精神、創新精神、敬業精神和團結合作精神是我們企業文化的精髓。我們絕不讓雷鋒們、焦裕祿們吃虧，奉獻者定當得到合理的回報。」作為一家企業的法則法規，它面向企業的每個員工提出了企業對員工的要求。然而，在《華為基本法》裡我們看到更多的條例並不是「要求」，而是企業對每一個員工的承諾。華為管理層將「我們絕不讓雷鋒們、焦裕祿們吃虧，奉獻者定當得到合理的回報」、「我們強調人力資本不斷增值的目標優先於財務資本增值的目標。」作為對每個員工業績的承諾，這一點落實到中國的企業中，比任何西方管理科學中提及的「關鍵績效指標」都更見效果。

第三，激勵和宣揚組織的成功而不是個人的成功。其實在形成每個人的奉獻行為時，需要一種氛圍，那就是注重團隊或者組織的榮譽而非個人的榮譽，注重個人在團隊或者組織中的角色或者所發揮的作用。多年來中國的組織一直存在一個習慣，那就是習慣把所有人的努力最終變成一個人的成就，所以我們就有了所謂的「組織教父」、「精神領袖」之說。在中國組織的習慣裡不會存在多個成功人士的說法，只能夠是一個人的成就，結果出現的情況是兩個極端：一個是組織裡只有一個人的絕對權威，其他人只是配角，不能夠分享成就和成功；另一個極端就是認為：付出之後需要分享成功的人只好自立門戶，結果諸侯格局盡現，無法看到長久的成功或者大的成功，這些現象真的應該讓我們好好反思。

一個人可以聰明絕頂、能力過人，但若不懂得積極熱心、願意付出，不論多成功都得付出事倍功半的努力。不肯付出的人在組織中只會做好被吩咐的工作，願意付出的人就算能力有限，卻能帶動團體，集結眾人的力量，使工作加倍順利進行。在一個好的組織裡，每一個成員的第一要件是：主動關心別人的需求。

組織處在不確定的商業世界中

今天的商業世界比以往任何一個時期都混亂，這是每個人都得面對的事實。嘗試著理解在這樣一個混沌的商業背景下，組織需要做什麼樣的管理轉變，或者說應該關注什麼樣的關鍵因素，以保證組織能夠自我調整，適應混亂的現實。

然而，中國的大部分企業組織是處在一個相當穩定的結構中，組織運行還多是沿用一種傳統等級制度的、機械的、穩定的方式。最高管理者制定策略（也有企業聘請外部諮詢顧問或者聘請專業人士給予幫助），中層管理人員執行策略，每個企業都在留意甚至追求精密的控制和報告體系。隨著資訊化程度的提高，更多的企業滿足於大量的數據分析和一層一層地向上報告，高層管理者也滿足於根據數據說話，而且對於應用新的資訊工具沾沾自喜，基層管理者不斷地強化組織的穩定，形成了一個我稱之為「超穩定的結構」。

這樣的結構對於降低成本、維持品質以及提高執行力有極大的幫助，但是，以今天的競爭環境來說，降低成本和高速增長必須並存，維持品質和毀滅性創造並存，提高執行力和不按常規做事並存，這些看似矛盾的並存現象卻是企業必須面對的情況。以往超穩定的結構已經無法適應這個變化的環境，從前運作有效的組織管理模式，已經不再能夠那麼有效地運行了，所以我們看到企業組織處在一個非常尷尬的地步：一方面需要系統自身的穩定，另一方面需要把自己放在競爭環境中不斷變化；一方面需要留住優秀的人才，另一方面又需要不斷地引進新的人才以打破固有的平衡；一方面需要保持競爭優勢，另一方面又要超越自己，放棄固有的東西。

所以每一家企業組織都面臨著一個全新的現實，這個現實的特徵就是我前面提到的：第一，組織不再是一個「封閉的系統」；第二，組織的經營環境已經不再是穩定的狀態；第三，組織中不再存在明確的槓桿。

如果我們承認這些觀點，那麼組織管理所要解決的就是在混沌狀態下，如何運行的問題，我認為應該關注以下幾個層面的思考。

1.管理者需要學會混沌的思維方式

混沌的思維方式，是相對於穩定均衡的思維方式而言。穩定均衡的思維方式是我們習慣的組織管理思維方式，這種思維方式最在意的是，如何確保所有的行動回歸到預定的計畫上來，管理者所努力的方向是保證結果與計畫相符，所以在發揮管理職能的時候，會堅持控制和計畫這兩個管理的基本職能。比如我們在計畫管理中習慣使用的「例外管理」就是這樣一個例子，我們計畫實現某種均衡狀態，一旦偏離這種均衡狀態，我們會採取行動，這就叫「例外管理」。

但是混沌的思維方式剛好相反，它不是不關心計畫與結果的吻合，而是更關心目標實現過程中，如何尋找到能夠帶來超乎尋常的結果。我們還是拿「例外管理」來做例子，在混沌思維方式下，如果不是關注是否出現偏離均衡狀態的行動，而是關注不斷尋找改進的機會，就不可能成功，最著名的例子是日本本田公司（Honda）在美國摩托車市場的成功。在本田公司進入美國摩托車市場的時候，美國市場在大家眼裡公認的消費習慣是「更大更奢華」，本田公司也是本著這個方向努力並制定了計畫，但是沒有成功，當本田公司偏離了這個計畫，抓住了人們對小型車的興趣這個點的時候，沒有想到在五年之內就主宰了美國摩托車市場。

2. 組織需要建立自己的彈性能力

所謂彈性能力就是指不借助任何外力，能夠自己加壓、自我超越的能力。我們常常看到有些企業似乎永遠不會犯錯誤，似乎總能夠抓住機會獲得競爭的優勢地位。也許，你會歸結為這家企業運氣好或者這家企業本身處在領導者地位，因為這家企業能夠控制市場或者控制環境。我想這樣的理解是非常錯誤的，支撐這家企業的關鍵因素之一是企業自身的彈性能力。

我們可以看看海爾的成功，當海爾開啟品質之路的時候，並沒有停留在這個方向上，而是在合適的時間率先進入服務策略，而當服務給海爾帶來強有力的競爭地位的時候，海爾又要求進入組織流程再造，之後進入全球化的努力，海爾的每一步改變，都搶在市場變化的前端，都能夠在行業中領先一步，所以海爾總是可以讓自己處在不斷競爭的地位並保持競爭優勢。

反過來，很多企業總是在外在的壓力下才做調整，甚至環境改變了還在幻想著能夠對付過去，自己不做主動的改變，甚至一些企業還認為自己擁有的優勢是長久的和不會被淘汰的，還沾沾自喜地活在自己的世界裡，而對外部的變化視若無睹。在穩定均衡的狀態中，企業可以保持自己原有的競爭優勢，企業也可以按照自己對於市場的理解的經驗來判斷未來，但是當企業進入一個混沌狀態的環境時，所面對的是全新的問題，沒有經驗和先例來借鑑，更可能的情況是以前的優勢變成了劣勢，所以組織需要自我超越，自己加壓不斷改變，才是正確的選擇。

3. 在組織內部打破均衡狀態

穩定均衡狀態的思維方式，傾向於把發展的過程理解為一種平穩的趨勢，混沌狀態的思維方式，則把發展過程理解為一種半穩定的臨時狀態、跳躍到下一個半穩定的臨時狀態。所以在混沌狀態的思維方式裡，所有的發展都是時斷時續的。我們相信混沌狀態的思維方式，更接近於實際的市場情況，那麼組織就需要打破自己的平衡來獲得市場的機會，管理者此時需要關注的是，如何保證組織能夠迅速地上升到新的變化空間，在時斷時續的發展中，能夠到持續的階段而避開停頓的階段。

這就要求管理者必須清醒地認識到：管理上的每一個舉動或者疏忽所造成的後果，很可能是錯過了持續發展的階段，所以，組織內部需要不斷地打破平衡，不能默許沒有能力的人在職位上，不能默許老朽的管理者在關鍵職位上消磨時間直至退休，不能對市場上的技術採取觀望的態度，不能放任服務水準下降而尋找藉口，絕不能追求「一團和氣」。

4.實現組織學習

學習型組織的建立在今天已不是時髦的話題，問題的關鍵不在於是否要建立學習型組織，而是如何實現組織學習。組織學習最根本是要解決組織存在問題的本身，而不是對這些問題產生的後果做出反應。舉個例子，一個印刷企業在八到九月總是進入高峰期，而使得生產無法滿足市場要求，如果單從學習的角度來說，我們會選擇加班和訂單外包來緩解問題，所以提高工人的熟練程度、強化外包工作的管理，就成了組織學習的內容。但是這並沒有解決高峰期和低谷期的問題，如果是真正的組織學習，反而應該分析產生生產高峰的根本原因是什麼，是訂單的問題還是計畫性差的問題，是產品結構的問題還是客戶結構的問題，是市場區域的問題還是銷售政策的問題，透過分析這些事件背後的原因，才是真正的組織學習。

這四個層面並不能夠完全解決組織的混沌狀態所帶來的變化，但是至少我們需要知道組織已經處在一個非均衡的、混沌的環境中，在這個環境裡組織必須是動態的，一旦管理者能夠轉變自己的思維方式，使自己掌握混沌狀態的思維方式，能夠實現組織的真正學習，能夠自己超越自己，主動打破自己組織內部的平衡，不管出現什麼樣的突發事件，也不管環境如何改變，組織總是可以讓自己凌駕於變化之上，處於主動的位置。

3

什麼是組織結構

組織結構就是讓權力和責任的關係匹配。

組織結構有著自己的特性，一方面結構的作用是保持穩定，只有穩定的結構才可能產生效率，但是發展又需要結構變化，只有變化的結構才會帶來發展。

組織結構的管理，或者組織管理，無論從任何一個角度講，它實際上圍繞著責任展開。

組織結構是自我約定的關係

組織結構為什麼能夠發揮作用？為什麼可以分責分權？這是因為組織結構的自我約定關係。組織結構最為重要的特徵，就是組織內的關係可以自我約定，而自我約定關係可以決定資源的獲得和權力的分配。我曾經跟上課的同學開過一個玩笑，就是請大家確定一個四十人的班有三十個正副班長，大家都笑了，可是當我把道理講通，我相信你也會同意有三十個班長。

一個組織是否強大，其實首先取決於你的資源，如果班級想強大，有凝聚力，就得先擁有資源。資源從哪裡來？其實是資源和權力一起組合的過程，如果我們能夠找到這個組合，資源就會到來。在所有的EMBA班裡，如果希望自己的班是最強大的，希望跟商學院有一種可以平等溝通的能力，比如要求學院必須配置最好的老師，就要擁有對話的條件，而條件就取決於班級擁有的資源。

如果這個班爭取到六十萬元，這六十萬元和商學院的資源做一些配合，就可以請到最好的老師。比如你們很希望見到某一位著名的企業家，為他買一張機票，跟他進行一個小時的交流，然後跟他照張相，我想這個班擁有的錢是可以做到的。但是六十萬元怎麼來？這個班不會憑空冒出六十萬元來，組織管理的好處就是可以約定一種結構，這個結構就是設三十個班長，每個班長出二萬元，就是六十萬元了。只要我們可以設計這三十個班長具有相應的權力，一切就可以做得到。

大家可能覺得這個結構太臃腫了，怎麼可能有三十個班長，但是我想說的是，這就是自我約定的關係，因為有六十萬元的目標，有三十個責任，所以有三十個班長沒有任何錯誤。換個角度說，公司設定多少個副職，或者多少個經理職位，最重要的是看有多少責任需要分配，這裡沒有臃腫或者管理人員太多的問題，最重要的是要界定責任。

因此，並不需要關心企業有十個總裁多還是少，重要的是關心這家企業有沒有十個責任，如果有，就可以有十個副總裁；如果沒有，即使一個副總裁也可能是多餘的。組織管理的一個最重要特點，就是你可以完全按照自己內部的約定來設定結構，關鍵就是看責任由誰承擔，而不是去揣摩有什麼規範標準來決定。

組織結構的功效

常常被人問到：企業的組織結構應該如何設計？理論會告訴你組織結構設計與四個要素相關，這四個要素是策略、環境、規模、技術，但是現實的情況是，老闆的意願決定結構，他希望設十個副總裁，結構就被確定下來，有一天老闆想撤掉所有副總裁，結構會發生徹底改變，雖然理論上的四個要素沒有任何改變，但是組織結構還是改變了。但是，反過來，我倒是可以從另外一個角度分析問題，幫助大家理解組織結構設計需要關注的問題。

我們最常看到的情形是：經理們非常喜歡把人們放在組織結構框圖裡。他們把這些框架搬來搬去，重新整理和排列，並且每一次搬動都把它稱為「組織再造」或者「組織變革」。甚至經理們認為這樣還不夠，他們希望人們能老老實實地待在自己的框架裡。更多的經理人把組織結構當作地盤來劃分，形成了各自默認的利益關係。這些現象使得組織結構沒有發揮應有的作用，反而成了管理的桎梏和內部利益分割的工具，這是百害而無一利的事情，必須糾正過來。

組織結構所要解決的是權力與責任關係是否匹配的問題

在管理職能的安排上，只有組織結構回答了權力和責任的關係，因此，組織結構是要解決權力和責任的相互關係，最為重要的是組織結構必須保證權力和責任是匹配的，只有在匹配的權力和責任關係中，組織管理才會有效發揮作用，所以，組織結構需要清晰地設計出溝通線、控制線、責任線和權力線，其中權力線和責任線是組織結構的縱向安排，溝通線和控制線是組織結構的橫向安排。換個角度說，就是組織結構的縱向設計是界定權力指令的，同時也就界定了責任和權限；組織結構的橫向設計界定了如何溝通，界定了如何控制公司資源。這裡最關鍵的是權限的設定需要與責任匹配。

組織結構的縱向安排，需要考慮兩個問題：一個是設計多少個層級，一個是公司主業務線是什麼。對於第一個問題，設計的原則是以考核點為準，在公司的考核設計中，只要是你需要考核的點，就需要設計一個層級。比如，一家公司需要考核副總經理、廠長、廠房主任，那麼這家公司的組織結構從總經理開始算起就有四層的縱向關係了，如果這家公司關鍵績效指標是考核廠長的，那麼這家公司的組織結構從總經理開始算起，就只有兩層的縱向關係。

對於第二個問題，設計的原則是以公司的主營業務為標準，比如說這家公司是銷售公司，那麼主業務線就是總經理對著銷售系統，其他的都是輔助線；如果這家公司是製造公司，那麼總經理對著的是製造系統，這個時候銷售系統變成了輔助系統。最關鍵的是，組織結構的縱向安排是責任和權力線的安排。

組織結構的橫向安排，需要考慮的問題是：需要多少個職能部門完成資源的專業安排。因此，設計的原則是以主業務對於職能的需求來決定，其中最關鍵的是盡可能地減少細分，凸顯關鍵職能就可以了，部門越少越好。需要說明的是，職能部門不能夠擁有權力，只能夠給予專業的指導意見和專業的服務。所以從這個意義上講，在一家企業的組織結構中，職能部門不能夠擁有權力，原因很明顯，因為職能部門並沒有承擔經營責任，所以我們需要明確在組織中權力和責任要相匹配，不能夠出現擁有權力的人卻不需要承擔責任，承擔責任的人卻沒有權力。

組織結構更要依據責任而不是權力來設定

組織結構設計要服從於企業的策略。策略所發揮的作用反映在組織結構上，應該可以用「責任」來描述，策略得以實現的要求就是組織結構能夠存在的原因，因此，負擔起實現策略的責任是組織結構設計的根本依據。這樣我們可以很清楚地看到中國企業在組織結構設計上常常犯的錯誤。

第一種：「面朝董事長，屁股對著顧客的結構。」這種結構非常流行。因為很多人員都是面朝上司，關心上司的臉色、上司的看法，一切以上司為基準，領導階層所說的「一切為基層和員工服務」，在這個結構中成了一句口號。

第二種：「條塊結構。」這種結構是各個部門各自為政，每一個部門或者系統都只是關心自己的問題，並且盡可能把責任推給其他部門或者系統，從來不為其他部門和系統提供服務和幫助，在這種結構裡人們習慣相互埋怨、推諉，常常出現的情況是沒有人肯負責和提出建設性的意見。這些錯誤的結構之所以存在，究其根源都是從權力出發來進行設計的，而忘記了責任。如果從責任出發來設計結構，我們就可以避免出現以上的錯誤。

組織結構可以重新建立組織和個人之間的心理契約

心理契約描述為未成文的契約，也就是員工與組織之間內隱的相互期望的總和。在尋求新競爭優勢的過程中，組織也發現自己陷入了尷尬的境地：很多時候，組織不能履行所有它們承諾給員工的責任，從而導致了違背心理契約現象的發生。研究表明，心理契約的違背不僅對員工造成情感上的傷害，對企業來說也是非常有害的。當組織正需要員工更靈活、更努力地工作時，許多員工卻從雙方良性互動的關係中撤退，對心理契約的違背做出消極的反應，損害了組織的績效表現。

鑒於心理契約違背可能產生的負面影響，因此企業在組織結構設計中，有必要關注員工心理契約的違背，並對其進行重新建立。實施新的組織結構，是一個大好的機會，可以重新建立和每個人的心理契約。[1]在組織結構設計過程中，組織創造了又一個提高雙方良性互動的機會。

1 萊文森（Levinson）於一九六二年界定了心理契約這個概念，他將心理契約描述為未成文的契約，也就是員工與組織之間內隱的相互期望的總和。施恩（Schein，一九六五，一九八〇）也關注了心理契約，提出心理契約是指個體所擁有關於組織的多種期望，以及組織所擁有關於員工的多種期望。

首先，建立開誠布公的溝通體系。清楚地讓員工知道自己在結構中的位置，直到他們感覺到確實的責任和權力，他們才可能專心地工作。透過充分的溝通，可以有效地緩解結構調整對員工所帶來的壓力。

其次，確保確定結構的準則是公平的。組織程序的公平性，將會消減契約違背時員工的負面反應，即使發生心理契約違背，如果組織在程序上是公平的，那麼員工會認為自己仍然是組織裡具有價值的重要成員之一。因此，在進行組織結構和人員調整的時候，會讓很多員工產生極大的心理波動。但只要整個調整過程是遵循一定的公平原則，就可能使整個整合過程變成一個互諒互讓的過程。

最後，恪守承諾。心理契約的建立基礎是信任，為了穩定現有員工的心理預期而輕易做出的承諾，可能成為未來組織食言的證據。很多組織在設計結構的時候，總是對員工宣稱：我們調整現有的結構和人員的目的，是讓大家得到一個更大的平台，是給大家提供更多的機會。一旦實際操作開始後，裁員、結構調整隨之發生，員工因感覺被出賣而憤怒不已。切記的一點是，不要在設計結構過程中輕易地做出承諾。當你確實需要做出一項承諾時，一定要做到言而有信。如果做得好，重新設計組織結構的過程可以讓公司重新振奮，重新調整自己的重點，讓組織與個人建立起新的心理契約。

組織結構設計原則

組織結構的設計需要遵循古典設計原則：

第一個原則是指揮統一。就是指一個人只能有一個直接上司。

第二個原則是控制幅度。每個人能夠管理的跨度，其實是有限的，那麼從理論上來講，一般的管理跨度比較合適的是五六個人，越到基層，管理的跨度就越大，越到高層，管理的跨度越要變小。

第三個原則是分工。組織結構設計的關鍵是分工，分工有橫向和縱向兩個方向。縱向分工是企業的經營分工，在這條線上決定績效的分配、權力的分配，所以常常又稱之為職權線。在縱向的分工安排上可以看到企業承擔績效的層級、管理的層級以及考核的對象。因此在這條線上，必須保證承擔績效的人權力最大，而不是職位高的人權力最大。縱向分工就是確保承擔績效的人權力最大，與總經理的距離最近。

橫向的分工是資源線，也就是說，公司所有的資源都在這條線上進行專業分配，保障業務部門能夠獲得支持，所以橫向分工是職能線。橫向分工最重要的是專業化分工以及專業化水準，同時為了能夠確保資源的有效使用，橫向分工一定要盡可能簡單，盡可能精簡，能夠減少就不增加，能夠合併就合併。大家有個誤區，以為職能部門要細分，其實職能部門是要專業而不是細分。

第四個原則是部門化。必須把做同一件事的人放在一個部門裡交由一個經理來協調，這就是部門化的原則。如果沒有把做同一件事的人放在一個部門裡協調，資源就會被分解掉，也就會浪費掉。部門化就是把分工所產生的專業技術員工集中在一個部門，由一位經理人來領導，以減少浪費。

組織結構的核心是分責、分權，所以我們還需要確定一件事情，就是縱向分工所形成的職位，最好大過橫向分工所形成的職位。這樣，讓職能部門為一線部門服務才不會成為口號。

組織結構需要配合企業發展的需要

組織結構設計的第二大的問題，就是如何讓結構適應環境變化。其實影響組織結構改變的因素非常多，包括管理路線及作風、企業規模、員工性質、組織目標、策略、組織環境的穩定性、部門之間的差異、所擔負的任務、文化等。於是我們常常可以看到，一個組織更換一個領導者，組織結構就會變換；員工的能力改變，組織結構有可能也會調整；所承擔的任務不同，部門之間的矛盾加劇，有可能也導致組織調整結構。也許這樣調整組織結構是錯的，因為領導風格或者員工性質，或者任務和部門之間的差異是影響組織結構的因素，但不是調整組織結構的影響因素。

影響組織結構調整的四個因素分別是策略、規模、環境和技術。這四個因素改變的時候，組織結構就需要做出相應的調整，否則結構會禁錮企業的發展。如果這四個影響因素沒有改變的話，組織結構也可以不改變。

當然這是理論上的解決方法，下面講一點我自己的理解，對於很多企業而言，會在發展的過程中遇到這樣一些問題：什麼時候應該聘請職業經理人？為什麼無法保證策略落實到實際的執行中？為什麼很多經理人無法獲得合適的發展機會，而老闆又認為沒有辦法把企業交給職業經理人？這些問題有很多的解答，我嘗試從組織變革方面做出分析，也許可以找到一些更為根本的原因。

其實，從組織管理的角度看，出現這些問題是組織結構不能適應企業發展所導致。正如前面所言，在影響組織的關鍵要素中，策略、技術、環境和規模這四個影響因素改變的時候，組織需要做出相應的改變；同時我們還要知道，組織需要解決的是權力和責任是否匹配的問題，擁有權力的人必須承擔相應的責任；組織就是解決把合適的人放在合適職位上的這個問題。

從簡單的意義上講，組織結構的設計更重要的是權力的分配，或者叫作授權和分權的設計。為什麼一定要這樣做呢？我們可以概括性地把企業發展分為以下幾個階段，這些階段所要承擔的策略目標不同、所處的環境不同、對技術的要求不同、企業發展的規模也不同，導致了對於組織的要求也不同。我們簡單歸納如下。

第一階段，創業階段（直線型組織架構的特點）。在創業階段的企業，策略上更需要關注產品、品質以及銷售數量的完成，創業能不能成功，不取決於你有一個好的企業管理和企業文化，也不取決於是否能把握市場的機會，更不取決於是否擁有優秀的人才，而是取決於你的產品是不是能過市場這一關，是的話創業就會成功。因此，企業處在開創和尋找生存機會的時候，最為重要的是如何控制成本，如果確保品質，相應地就要求企業組織呈現出直線型組織架構的特點，只有這個方式才能成功。

直線型組織結構的最大特點就是所有權、經營權合二為一，就是企業的創業者既是經營者，又是所有者，企業很集權，企業家本人直接對成本、品質、產品負責，沒有授權和分權，決策集中，效率最高，成本可控，從而使得企業具有競爭能力。

第二階段，成長階段（職能型的特點）。企業經過了初創階段，開始步入成長階段，在這個階段，企業需要關注的是銷售網絡建設、規模的擴張以及品牌的累積，因此企業最重要的是發揮企業資源的有效性，讓企業在有限的資源下做到盡可能大的績效結果。其根本特徵是專業人士的引入，企業不再以經驗來競爭，而是以專業的能力來競爭，所以在組織管理上，是由專業人士負責企業的不同職能部門，財務是專業的財務、行銷是專業的行銷、研發是專業的研發、製造是專業的製造，甚至人力資源也需要專業的人力資源管理，所有的職能都是專業的職能在發揮作用。

這個階段的組織呈現的是職能型的管理特點，企業所有者部分授權給職能部門進行管理，但是創業者依然要從事管理的工作，所有權和經營權依然合二為一，以確保公司職能部門獲得明確的支持。

第三階段，發展階段（事業部制的特點）。當企業步入發展階段的時候，企業開始需要關注高層經理人團隊的建設、企業快速成長的安排、企業系統能力的提升。這就要求企業調動經理人的積極性和創造性，關注企業在市場中的領導地位，要求企業能夠快速回應市場的要求，並能夠引領行業和市場。根據這個階段的特點和要求，企業的組織需要呈現出充分授權以調動經理人的積極性，同時又要求經理人能夠承擔起責任，所以這個階段最主要的特徵是，職業經理人的引入，企業步入職業經理人的時代，所有權和經營權分離，企業家退到董事會的層面，管理交給職業經理人。

第四階段，持續發展階段（董事會制的特點）。當企業進入持續發展階段，在策略上，企業所要面對的是文化價值認同和理念認同的問題，這個時期的企業最重要的是領導團隊的打造，而非一人領導。這是因為當企業發展到這個階段，任何一個人都已經沒有能力去承擔那麼大的責任，最為關鍵的是，保證決策是謹慎的決策。我在研究中國領先企業的時候，得出的一個結論是「行業先鋒企業的決策是謹慎決策」，如果是這樣，就要讓企業保持在組織最優狀態而非個人最優狀態，因此，這個階段的組織呈現出董事會領導的格局，而非一人領導的格局，其顯著的特點是，部分所有權和經營權又結合在一起，董事會承擔起構建偉大公司的職責。

中國企業三十年的發展，絕大部分企業已經進入第二階段，部分企業進入第三階段，而能夠進入第四階段的企業很少。如果中國企業處在第二、第三階段，那麼按照上述階段的發展特徵，大部分的中國企業都開始需要引進職業經理人了。

因此，一家企業是否適合引進空降經理人或者內部提拔經理人，需要判斷企業是否已經進入第三階段，如果企業處在第二階段，我更傾向於中國企業首先建立專業能力，打造專業團隊，如果專業能力和專業團隊建設不夠，即便是運用了職業經理人的組織結構，依然會帶來非常多的困惑，甚至會出現失控和喪失發展機會的可怕狀態。因此，我建議所有的企業花力氣和資源建立專業團隊，而不是急著選擇聘用職業經理人。

一旦選擇職業經理人的結構，就需要建立一個能夠讓職業經理人得到充分授權的環境。作為老闆，你需要把自己變成一個投資人的身分，做投資人需要做的事情，從管理的職位上真正退下來，不斷和職業經理人溝通策略，提供資源以及達成共識。如果你認為你無法離開管理職位，也無法完全授權，我還是建議你不選擇職業經理人的結構，當然這樣你也要接受一個事實，那就是你的企業將永遠停留在發展的第二階段，無法進一步的發展。

企業能夠持續發展，一方面需要文化的力量，另一方面需要契合顧客，但同樣重要的是需要有一個可以分享的結構，這也是為什麼到了第四階段需要董事會制，而且尤其強調部分所有權和經營權要合二為一。雖然目前能夠進入第四階段的企業不多，但是這些企業都很好地設計了分享的組織結構，使得承擔經營績效的人能夠和投資者一起分享成長，這個分享的結構設計解決了持續發展的問題，而不僅僅是績效的問題。

組織結構特殊效能

人之所以要工作，從最簡單的角度來看，是要獲得滿足感和工作成效。組織結構正是可以讓滿足感和工作績效同時獲得的管理方式，這也是組織結構的一個特殊功效。組織結構之所以具有這樣的功效，是從結構設計的七個層面體現的，也就是說，處理好這七個層面，員工就會因為組織結構本身的安排，獲得滿足感和工作績效。

第一個層面是**職權階層**。所謂職權階層就是指管理人員，他們具有一定的職權，他們會獲得比別人更多的資訊和決策的機會，他們可以掌握和運用資源。職權階層為什麼會有績效和滿足感呢？在組織管理中有一個方法就是「資訊管理」，很多時候，我們可以運用資訊不對稱的方式，讓職權階層的人擁有不同的資訊，從而做出不同的判斷以獲得影響力。

其實，管理手段中最常用的就是開會和發文件，而職權階層因為擁有不同的職級，參加不同的會議，獲得不同的文件閱讀，也就獲得了不同的資訊，這些不對稱的資訊可以讓下屬更加確信你的判斷和能力，也就強化了服從和管理的效率，從而獲得滿足感和工作績效。因此，我常常反對開總經理擴大會，管理文件能看到許多人的行為選擇。文件管理和會議管理是極其重要的，可惜很多人都不認真對待這兩件事情，會議是否需要開？什麼人參加？文件如何傳遞？什麼人掌握？是極其重要的安排，而這也是使職權階層獲得感受的手段。因為我們沒有好好地控制會議和文件，導致公司內部管理訊息多頭、指令理解多頭，政令不能保持一致，管理效果可想而知。

舉一個日常管理的例子，總經理需要召開一個行政工作的會議，結果相關部門的人都來了，因為沒有控制好，後勤部門的經理、副總和主管都到場。會議期間總經理跟後勤部的人說需要喝水，結果後勤部經理下指令為總經理拿礦泉水，後勤部副總堅持拿開水，而後勤主管說總經理習慣喝茶水，三個人就無法達成一致，耽誤了很多時間，最後只有再詢問總經理的意見，總經理說要礦泉水。但是後勤部副總和主管還是內心不服氣，覺得總經理今天是特殊情況，否則一定不會是礦泉水。

為什麼這樣小的事情，還出現不能夠立即執行指令，原因是三個人都參加了會議，都有機會獲得訊息以及做出判斷，如果只有後勤部經理參加會議，他的指令就一定會得到執行了，而後勤部經理的權威也就得到了保護，所以保護職權階層是極其重要的。

第二個層面是**直線和幕僚的區分**。由於管理強調責權利對等，人們又陷入另外一個誤區，就是認為責權利都在管理的職級上，所以幾乎所有的人都認為如果要得到肯定，獲得績效，就要在管理職級上獲得晉升，否則就不是成功，因此大家都追求管理職位，都期望成為管理者。但是管理職位始終是有限的，而且更多的職位也同樣具有重要的責任，同樣具有不可替代的功能，只是因為在組織結構設計上沒有關注到這一點，導致人們並不關心功能和責任，而是追求管理職位和權力，如果不能在管理職位上獲得晉升，就沒有滿足感。

如果我們不做多條晉升路線的設計，就會導致所有優秀的人都朝管理職位上去擠，而這些優秀的人，也許是優秀的管理者，但是更多的人應該在專業上發揮更合適，況且管理職位有限，這些優秀的人不斷競爭，對於組織和個人來說，都是極大的浪費。我常常到製造企業去調查研究，三十年間中國製造業進步很大，不過三十年間技術、資金、產品和管理都有了相應的發展，合格技術工人卻沒有匹配的發展，因為沒有人安於做工人，必須想盡辦法成為管理者，否則就沒有希望。究其原因就是組織結構設計的錯誤，沒有晉升的空間，但是一個以製造見長的國家，沒有產業工人，該是多麼可怕的事情。

第三個層面是**部門的劃分**。其實部門的劃分可以彰顯專業化，也可以確定每個部門成員的自我認知，尤其是在公司地位和作用的認知上。比如大客戶部，這個部門因為被稱為大客戶部，部門內的很多成員就對自己有了不同的認知，他們會認為大客戶很重要，因此在這個部門工作也說明自己很重要，同時更重要的是，他和其他沒有在大客戶部工作的同事就區分開來，有了不同的感覺，而為了保有這個感覺，他們會努力地工作。部門的劃分可以有多種方式，可以分為兩種：按照目的劃分和按照程序劃分，但是不管使用哪一種劃分方式，最終都在體現一個思想，在明確劃分的部門裡面，成員最具有這個部門專業領域的權威性。

第四個層面是**授權和分權**。組織職能和領導職能的區分就是分權和授權的區分，在領導職能裡你所得到的權力是授權，而在組織職能裡你所得到的權力是分權。授權的權力依然在領導者的手上，而分權已經在你自己的手上了，所以組織更能讓人成長和有績效感。

第五個層面是**形式化的程度**。形式化程度其實是非常重要的，很可惜我們都忽略了。比如公司內部的稱呼習慣，我常常想為什麼中國企業內部很難合作，而西方企業比較起來好像容易得多，其中一個原因就是形式化程度的差異。在西方，稱呼方面沒有形式化的要求和習慣，上至總裁和老闆，下到一般員工，大家習慣性稱呼名字，沒有職稱和頭銜，因此合作也就比較容易，但是中國在稱呼方面的形式化程度極高，甚至每一個人都唯恐稱呼的職位不到位，生怕因此得罪上司，這樣的習慣一定是無法合作的。

形式化程度體現在很多地方，比如工作服裝上的差異，會讓一些人有滿足感；工作場所的大小形式化也會讓一部分人有滿足感，我會建議給管理人員辦公的場所稍微大一點，他就會珍惜並希望保有。所以給他一個房間，其實就會付出更多一點，這也是形式化導致的結果。

還有一個更為重要的形式化就是管理職位的設置，我建議職能部門的頭銜一定要小，績效部門的頭銜一定要大。為什麼很多公司職能部門不能夠為績效部門服務？就是因為職能部門的頭銜比績效部門的頭銜還要大。一般而言，職能部門負責人我們稱之為總監，而分公司的負責人稱之為分公司經理，總監和經理從習慣認知上顯然是總監大，在這樣的情況下，讓職能部門為績效部門服務，其實是做不到的，因為分公司經理面對總監的時候，是無法提出要求的，反而更多的是為總監服務。績效部門的人要承擔的責任大，給的頭銜應該要盡可能的大，而職能部門主要對內提供服務，所以就要透過形式化程度把氛圍營造出來。

第六個層面是**控制幅度**。一個人可以控制的幅度，往往可以讓這個人有著明確的感受，所以控制幅度的設計會直接產生滿足感以及績效。我們並不主張控制幅度越大越好，因為在古典設計原則裡，控制幅度需要做一定的限制。但是當一個管理者獲得肯定後，擴充他所管理的幅度是一個很好的績效肯定，也是他可以很容易獲得滿足感的原因。

第七個層面是**專業化**。這是我最擔心的一個層面，在中國的企業中不尊重專業化的情況非常普遍，大部分的公司有分工，但是不會在職務的名稱上明確地表達出來，因此只要是副總裁，不管他在什麼專業領域，都可以讓所有下屬接受他的意見。但是不應該這樣，必須尊重專業能力而非職位，同時因為沒有這樣明確的專業安排，大多數情況下每一個副總裁都會對所屬的職能或者專業發表意見，下屬又必須執行，在這樣的情況下績效就會受到傷害。所以在這個

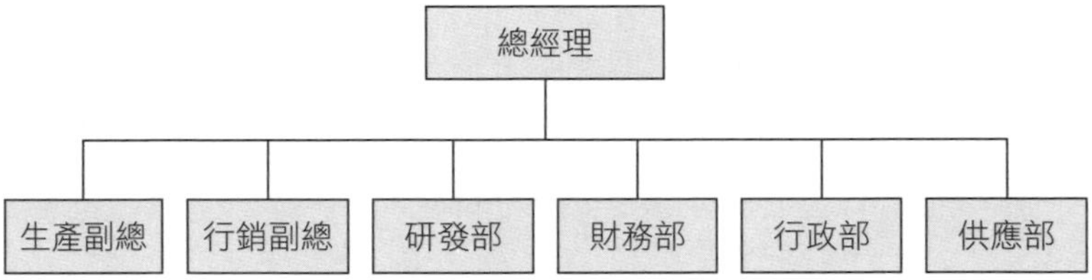

圖3-1　職能型結構

層面裡，所有的部門都需要全稱界定，比如財務副總裁、行銷副總裁、成本主管、品質主管等，只有這樣設計，才會讓專業人士發揮作用，同時確定專業能力受到尊重。

常用組織結構優劣勢分析

目前流行的不同組織結構都有它的優點、缺點，以及使用的條件，當需要運用這些結構的時候，對於結構本身存在的確定，必須有相應的解決方案，否則結構存在的確定就會影響組織管理的績效。

職能型結構

圖3-1是職能型結構，職能型結構就是透過將同類的專家組合在一起，從勞動分工中取得效益。優點是：可以產生規模經濟，減少人員和設備重複。缺點是：常常因為追求職能目標而看不到全局的利益。職能型結構可以實現追求規模的目標，同時減少資源的重複和浪費，因此一般在企業發展的成長階段多數會選擇這個結構，以獲得快速的

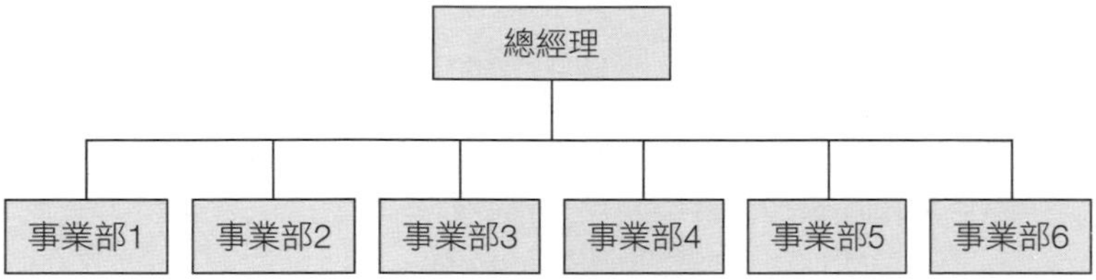

圖3-2　事業部制

增長。

職能型結構最大的缺點就是部門之間可能會不合作，每一個部門都追求自己部門的發展，而忽略了整體的配合，這是結構自身的確定，因此，需要借助其他方面來解決。解決方案就是讓每一個部門經理人的考核與績效獎勵和公司整體目標掛鉤。

事業部制

圖3-2是事業部制，這個結構可以創造出自我包容的自治單位，這些單位通常按機械式組織。優點是：強調結果，總部人員能專心致志於長遠的策略規劃，是培養高級管理人員的有力手段。缺點是：活動和資源出現重複配置。

對於多產品、跨區域以及多種產業經營的企業而言，事業部制是一個合適的選擇。事業部制除了適合以上的情況之外，還有一個時期也必須運用這個結構，這個時期就是企業的發展階段。在這個階段，企業已經奠定了較好的基礎，具有了建立品牌和自我發展的能力，企業的專業化人員也具有很好的基礎，給職業經理人的發揮創造了條件。

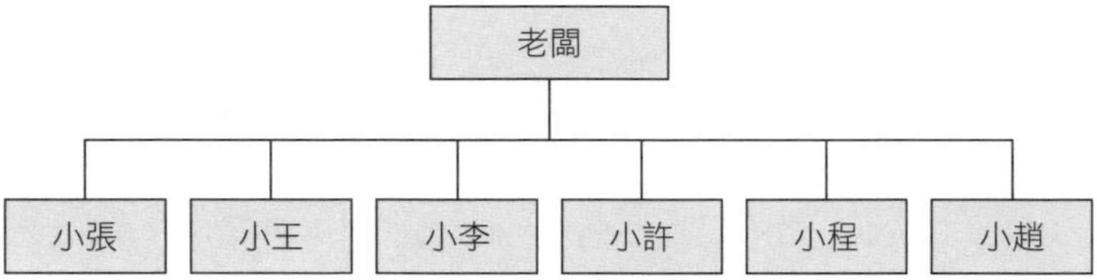

圖3-3　扁平化結構

而關於事業部制結構所存在的重複和浪費現象，可以用兩個方面的管理來補充，一個是計畫管理，也就是說公司對於各個事業部不能用績效管理的方法，而是要用計畫管理。用嚴格的計畫管理、控制預算的方式讓資源做最有效地配置，而配給的資源也同樣因為計畫管理得到有效管理。同時用品牌管理的方式，讓各個事業部在集團公司框架下保持一致。

扁平化結構

圖3-3是扁平化結構，扁平化是一種簡單結構，這個結構具有幾個明顯的特點：低複雜、低正規以及職權集中在一個人手中，是一種「扁平」式組織。扁平化結構的優點是反應快、靈活、運營成本低，責任明確。缺點是只適宜小型組織，所有事情取決於老闆，風險極大。

扁平化結構在一段時間裡非常流行，因為技術和環境變化的加劇，需要組織具有適應性，在這種情況下，因為扁平化有反應快、靈活、運營成本低、責任明確的特點，獲得廣泛的追捧。但是因為

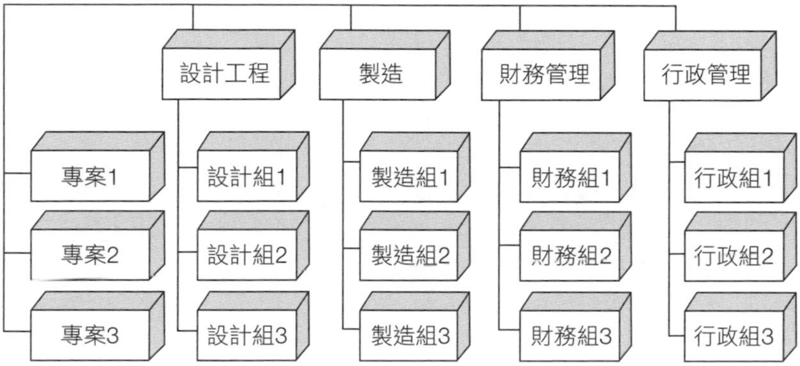

圖3-4 矩陣式結構

扁平化具有風險大的缺點，事實上大公司是無法使用這個結構的。因為對於大的公司而言，風險控制反而是最重要的，所以在結構選擇上，控制風險是優先選擇的依據，這樣扁平化就不是優先選擇的結構了。扁平化雖然很好，但是只能適合小的企業。

扁平化結構的運用需要在兩個前提條件下：第一，企業文化要好，企業的內部要有信任、正向以及彼此合作的氛圍，每一個成員都是健康、積極的；第二，資訊系統完善，企業內部的資訊平台可以分享所有訊息，在充分分享訊息的基礎上，可以了解到所有的狀態，此時就可以運用扁平化的結構了。

矩陣式結構

圖3-4是矩陣式結構，這個結構可以使用職能部門化來獲得專業化經濟性，在這些部門之上，配置一些對組織中具體專案負責的具體產品、項目和規劃負責的管理

人員。換句話說，如果一方面需要規模增長，另一方面需要專業化能力以及解決有限資源的限制，矩陣式結構是一個適合的結構。這個結構的優點是：能促進一系列複雜而獨立的專案取得協調，同時保留將職能專家組合在一起所具有的經濟性。缺點是：造成混亂，並隱藏著權力鬥爭的傾向。

如果存在這些缺點，公司的營運就會受到傷害。如圖3-4所示的結構中，這個公司的設計就是運用矩陣式結構，讓設計工程師在專業化的指導下配合專案1完成任務。專案2和專案3都是如此。但是出現的結果是專案1完成得非常好，專案2和專案3都沒有完成，在這種情況下，專案1的設計人員得到獎勵，但是很有可能是設計組1的成員想辦法讓設計工程部的經理把資源提供給他，使專案1得以順利完成。因為設計組1占用了更多的資源，使得設計組2和設計組3的設計人員沒有足夠的資源，導致專案2和專案3無法完成任務。結果就是專案1完成得很好，另外兩個專案卻無法完成，這對公司傷害是非常大的。

矩陣式結構本身的這個缺點是無法避免的，但是公司在資源有限，又需要規模化發展的時候，就需要選擇矩陣式結構。為了解決矩陣式結構本身的缺點，就需要公司從兩個方面做出安排：第一，明確的計畫管理，預算清晰並嚴格控制；第二，雙向考核，每一個專業成員需要一方面接受專業部門的考核，另一方面接受業務部門的考核。

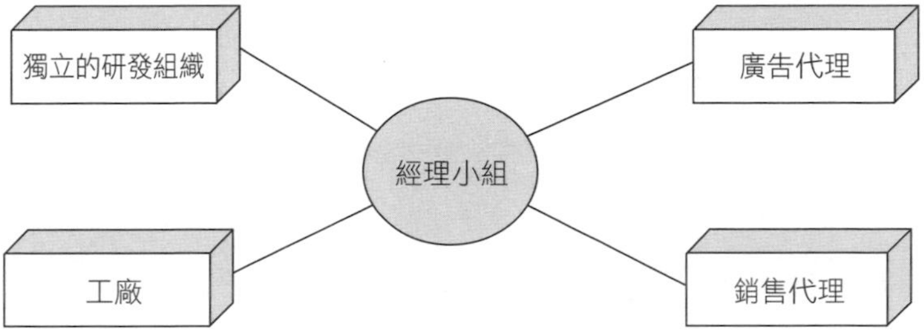

圖3-5　網絡結構

網絡結構

很多人都很羨慕地產業的老闆，如萬科的王石、萬通的馮侖等，好像他們不太需要做具體的業務，而有很多時間和精力去做自己想做的事情，企業卻發展得很好。當然這裡有很多原因，但是從組織結構的管理上來說，地產業是比較早運用網絡結構的行業。網絡結構是一種只有很小的中心組織，依靠其他組織以合約為基礎進行製造、分銷、行銷或其他關鍵業務的結構（見圖3-5）。優點是：使管理當局對新技術、新時尚或者來自外部的競爭，能具有更大的適應性和應變能力。缺點是：不適應所有企業，缺乏對組織所進行的活動的控制力，供應品的控制力，供應品的品質也難以預料，技術創新很容易被竊取或擴散。

網絡結構非常符合現在的變化環境，尤其是資源缺乏、原材料和勞動力成本不斷提升的時候。網絡結構的優點就是能夠變化，能夠適應整個環境帶來的競爭，把有限的資源集中在自己最擅長的業務上，而讓其他人做他們擅長的業務，最後組合在一起。

因此，網絡結構可以讓公司確定和認知自己在價值鏈上的能力，同時也讓公司的每一部分能夠獨立地生存，這也是網絡結構最有價值的原因。但是因為我們已經習慣地用一個最終的績效結果考核公司，所以內部之間和部門之間並沒有能夠完全用市場價值判斷，所以網絡結構並不能夠在很多企業運用，這也是今天的現實情況。如何解決呢？可以先從企業內部市場化開始，等公司內部市場化完成後，就可以做公司外部市場化安排，可以外包的就外包，可以策略聯盟的就安排策略聯盟，公司自身集中資源做價值鏈上最能體現公司價值的部分。

公司內部市場化，就是用市場價格體系和評價標準來安排公司內部部門之間的關係，比如研發部門所創造出來的研發產品，需要具有市場競爭力，自己公司內部的人願意購買，公司外部的同行也願意購買，否則公司內部的其他部門可以不採用研發部門研發的產品。

製造和銷售部門也是同樣的道理，簡單地說，就是所有的部門之間都是市場價格關係，內部做一個財務安排，在這樣的結構裡面，每一個部門離開公司的其他部門還可以存活，因為這個部門是市場上最具有競爭力的，而不是被公司保護的部門，這樣公司的每一個部門都可以獨立活著，企業就有非常強的競爭力。

網絡結構的缺點可以借助於兩個安排來解決：第一品牌管理，正是強大的品牌把價值鏈上所有的環節連結在一起，而品牌的核心就是顧客價值的創造，其中最重要的是品質的承諾；第二核心經理人團隊，一定要建立一個強有力的經理人團隊，運用團隊的能力和價值鏈上的每一個環節對接，能夠指導和管理價值鏈。具有這樣兩個管理能力，網絡結構就會發揮效用。雖然目前，並不是每一個行業和每一家企業都可以採用網絡結構，但我還是建議朝這個結構發展，先從公司內部市場化開始。

4

什麼是領導

「領導」這個詞是大家極其熟悉的，但是基於日常稱呼的習慣，人們習慣性地認為「領導」是領導者的專稱，但是這個理解是錯的。領導其實是一個管理職能而非領導者，領導者也需要發揮領導職能，同樣，管理者也需要發揮領導職能。因此，領導是管理職能而非領導者，這是需要特別說明的。

領導的理解

領導是指影響別人，以達到群體目標的過程。領導者就是負有指導、協調群體活動的責任人。現實中並非所有的經理人都是領導者，反之亦然，但優秀的經理人多半也是能幹的領導者。並非所有居於領導職位的人都能領導，反之，不在領導職位上的人也能發揮一定程度的領導作用，因為領導職能本身有著自己的特性。這個特性就是：作為管理職能，領導借助於影響力發揮作用而非職位。我們甚至可以說任何人都可以發揮領導職能，只要他具有影響力。

影響力由兩部分構成：第一是權力，第二是個人魅力。權力和魅力有很多人描述過，我想從實踐的角度來說明，給大家執行上的啟示。

權力

權力本身就具有影響力，在權力的面前很多人直接臣服，很多人依附於權力。但是我們依然需要界定在同樣的權限範圍下，一些人讓權力的影響力極其巨大，一些人卻沒有辦法讓權力產生影響，為什麼？其實是運用權力的能力不同。權力產生影響力可以從五個角度來體現：法定權、專家權、獎賞權、懲罰權、統治權。

第一是法定權。就是說在法律的層面上，在制度的層面上，權力自身就會產生影響，因此由結構和制度安排的明確權力是非常重要的，明確確定的權力所具有的正式威力會產生有效的影響力，所以在管理中需要在制度或者結構上把權力明確下來，這樣才可能發揮職能。

第二是專家權。所謂的專家權是指專家的權威可以產生影響力。但是這個權力的角度並不是要求領導者成為專家，而是領導者可以借助專家的影響力，來獲得自己的影響力，而且借助於專家所產生的影響力是非常有效的。專家權不是指領導者要成為專家，而是領導者有權評定誰是專家，然後發揮這個專家的影響來實現自己的目標。也可以這樣表達，其實專家並沒有專家權，專家權在領導者那裡，專家只有透過領導者的專家權才會產生影響，專家如果沒有透過領導者的專家權是不會產生影響力的。

我經歷過一個例子，曾經有一個老闆朋友，我們有大半年沒有見面，他請我到公司講課，我就答應了。我問他需要講什麼，他說公司最近都在做人力資源的調整，就講一下公司中什麼樣的人應該留、什麼樣的人應該走的問題，我就答應了。講課結束第二天，公司的副總打電話給我說：「陳老師，你講課就講課，幹麼把我的飯碗也砸掉？」我感到很驚訝，就問他為什麼，他說：「老闆說陳老師說這樣的人應該走，而你就是這樣的人。」我請他重複一下老闆引述我的那句話，發現自己的確講過，不過我在講這句話的時候，前後的條件老闆沒有考慮，他只是引用我這句話之後，借用專家的意見把副總給撤掉了。其實這就是專家權，這個權力在老闆那裡，而我本來並沒有。

第三個是獎賞權。人性的基本需要就是獲得肯定和讚賞，因而獎賞是具備影響力的，尤其是來自於高層管理者的肯定和讚賞，對於員工而言影響力是非常巨大的。職位越高的人，動用獎賞權力的機會越多，所產生的影響力效果就越大。但是人們往往發現職位越高的人，獎勵的習慣越少，批評的習慣越多，甚至還有人認為這樣會形成權威。但是需要知道的是，位置高的人評判和批評的機會很多，並不是因為批評和評判產生影響力，讓下屬懼怕，並不意味著就會產生服從和認同的效果，而多一點獎賞，就會產生影響力並獲得良好的認同。

第四個是懲罰權。懲罰具有影響這是大家共知的常識，我不再多講，這個方面所形成的影響力和權力的最後一個角度，到時一併說明。

第五個是統治權。統治權和懲罰權有著很多相似的特徵，因此，我直接放在一起來講。懲罰權和統治權都需要一個前提，即一旦運用這個權力，就需要考慮運用的效果，也就是說必須發揮「殺一儆百」的效果，否則就會得到相反的結果，不是產生影響力而是影響力下降。也許很多人認為新加坡的法律很嚴，但是事實上一方面新加坡的法律很嚴，但是執行法律的管理更嚴格，所以使得新加坡的法律運用效果非常顯著。因此，懲罰權和統治權的嚴格使用是非常重要的。

對於權力所產生的影響力而言，法定權、專家權和獎賞權應該多使用，而統治權和懲罰權盡量少用，但是一旦使用就要嚴格有效。有個將軍說：對士兵一定要有火山般的熱情，但是要有比冰山還冰冷的心。在這位將軍看來，如果你能夠有一顆比冰山還冰冷的心和火山般的熱情，作為領導者對於士兵的生命，就能提供非常明確的依靠，擁有這樣特徵的人一定會成為好的將軍。在管理中，領導職能的發揮就是這樣做的：足夠的嚴厲和充分的獎賞，人們就會願意把生命交付給你，而領導者也可以明確地告訴下屬：你的生命一定是可靠的，這就是一個成功將軍的主要方法。

魅力

一些人具有權力卻無法發揮影響力，另外一些人沒有權力卻有著巨大的影響力，原因就在於兩者的魅力不同。其實魅力是一個人自身的修煉，也可以說是個人的性格外顯。這個方面並不是我的專長，我想從一個我可以把握的角度來做些介紹，使得我們可以在個人魅力的修煉上得到一些參考，這就是魅力的五大構成要素：外貌、類似性、好感回報、知識、能力。

第一是外貌。魅力的第一個構成要素就是外貌，這是我們必須接受的事實。外貌所產生的影響是任何人都同意的，外貌吸引人的人總是會很容易獲得支持和幫助，不過有一個現象是，外貌對女性要求高，對男性要求低。所以，我常常開玩笑說女人比男人難成功，因為人們對女人的外貌要求太苛刻，而對男人沒有什麼太多要求。

外貌其實沒有客觀評價標準，什麼樣的人長得好看，或者難看，更多的是依據公眾的評價，沒有客觀標準。為什麼要強調這一點，就是想提醒大家，需要關注公眾的評價，只要是面對公眾，不管你自己如何想，都需要非常認真，整理自己的儀表，給人一個認真、整齊的評價，否則就會導致個人魅力的喪失。

第二是類似性。所謂類似性，就是指和人群保持認同而不是與眾不同。作為領導者需要能夠融合在群體當中，和群體保持一致，讓人們覺得你和他們沒有什麼分別，是他們當中的一員，有著相類似的背景和境遇，有著相互可以理解的認識以及對於環境相近的認識。很多管理者總是希望自己能夠超越群體，能夠比身邊人更聰明，有更準確的判斷，能夠超出人們的能力而帶領大家，能夠與眾不同。但是這樣的理解反而是錯的，因為只有認同才會具有影響力，真正的領導者都是融入群體獲得認同的。

如果一個管理人員在任何場合下都是對的話，這個管理人員發揮領導職能的機會反而減少，因為沒有人願意與他合作，所有在他身邊的人都感覺到比他程度低，這個時候別人會很難受。所以，一定要培訓自己，不要追求在任何場合下，都證明自己是正確的，而是在盡可能的條件下幫助周圍的人做出正確的判斷和選擇，當大家一起正確的時候，影響力自然產生，而這個管理者也會得到讚賞和愛戴。如果你在任何場合下都證明自己是對的，別人是錯的，雖然事實上也許真的就是你都對別人都錯，但是結果不是誰對誰錯，而是你被劃成另類，與群體不是一類的人，而你也就無法得到認同，人們就不會先接受你，也就無從獲得影響力。

類似性對於形成魅力是極其有效的，如果不具備類似性的能力，就會導致管理者和員工無法達成共識，特別是隨著社會變化的加劇，人們價值取向的多元化出現，如果我們不能夠具有類似性，就無法有效地發揮所有員工的能力。曾經有一家企業的人力資源總監問我一個難題，他很難找到負責採購的經理，因為他發現現在的年輕人對於事業的追求是以金錢來衡量，而且工作並不是他們的唯一選擇，他們甚至認為成功包括生活的享受，當然也包括事業取得成效，這位四十多歲的經理人告訴我他無法和這些年輕人達成共識。也許我也無法要求你改變自己的價值取向，但是需要改變的是學會寬容和接納。只能用接納、寬容這個方法，來對待今天年輕員工的價值選擇。

第三是好感回報。好感回報是指管理者需要先付出，之後人們會回報給你、追隨你，使你獲得領導力。在人與人的交往裡這是一個被普遍認同的規則，也叫黃金定律：你想別人對你如何，首先看你對別人如何。好感回報是一個非常有效地獲得魅力的途徑。只要你願意付出，就一定會獲得認同，你的影響力就會展開。領導者最重要的就是給大家希望和可依靠，如果領導者能夠做出努力，人們自然會追隨。二〇〇八年五月的中國汶川大地震，因為政府即刻付出，領導人親臨現場，雖然這是人類歷史上最大的創傷之一，但是中國民眾所表現出來的同心協力，汶川地區民眾所表現出來的耐力和堅韌，正是政府魅力的彰顯。

第四是知識。知識的影響力已經是人們生活的一部分，具有知識一定可以具有魅力，科學家和專業人士所具有的影響力是有目共睹的。不過在魅力構成中知識有著自己的特點：要求既有專業知識，同時也要有生活知識，簡單地講，就是專業知識能夠成為生活知識，如果你具有這樣轉換的能力，你所擁有的知識就會增加你的魅力。所以要真正施加影響的話，專業知識就要變成生活知識。

第五是能力。能力有很多的分類，在魅力的構成要素裡面，能力指的是認同力、網絡力和辦事力。也就是說，魅力體現在能力上是需要和群體認同，構成有效的人際關係，並能夠解決問題。解決問題的能力尤其重要，如果不能夠解決問題，就不可能產生魅力，而且更重要的是要做到「做能做之事」。為什麼要特別強調這一點，就是因為很多人喜歡辦很多事，但是不能保證每件事都能辦成，這是極其錯誤的。

當你做了十件事情，八件事情辦成，兩件沒辦成，那麼沒有辦成的兩件事情會被人們記住，而成功的八件事情會被人們淡忘。所以我常常聽到很多管理人員跟我講：「這不公平，我為他們做了那麼多的事，他都不記得。我唯一沒做到的他記得。」這恰恰是形象記憶的特色。真正成熟的管理者，是知道怎麼樣把問題交給更合適的人來解決，而不是自己解決所有的問題。不要急著自己去做，讓所有人都有機會去做事，別人又可以做到成功，而自己又有精力把自己要做的事情做好。這樣管理者的魅力才得以彰顯。

領導者和管理者

領導的職能是領導者和管理者都需要發揮的，所以常常會導致領導者和管理者混淆自己的職能和認識，因此，我們需要把領導者和管理者做一個探討。

如上所言，領導者就是負有指導、協調群體活動的責任人。領導者具有這樣一些特徵，影響他人去做領導者要做的事；使用個人的影響力；領導是一個影響的過程；不一定有正式的職稱或職權；公私機構的管理者不一定是領導人；領導者必須具有遠見與說服力。

管理者的理解我借用彼得・杜拉克的定義，管理者本身的工作績效依賴於許多人，而他必須對這些人的工作績效負責。管理的主要工作是幫助同事（包括上司與下屬）發揮長處並避免用到他們的短處。管理者具有這樣一些特徵，具有一定的職稱與職權；不一定需要有遠見，可

表4-1 領導者與管理者的差異

領導者	管理者
訂立方向	解決問題
建立團隊	保持穩定
促進變革	按章行事

照章行事；優秀的管理者往往也是卓越的領導人。

下面我們來看領導者與管理者之間有什麼樣的差別（見表4-1）。領導者承擔的責任是讓企業能夠有明確的方向，不斷適應變化，有一個核心管理團隊，也就是說，領導者真正的責任是確保組織的成長。管理者只是對績效負責。而產生績效的關鍵因素是：解決問題、保持穩定，制度和規範得以貫徹和執行，在這種情況下績效就能夠獲得。

做兩者差異的分析，是因為日常管理中，領導者常常關注績效和當前，而管理者關注成長和未來，更可怕的是，絕大部分中國的管理者都是在做領導者的事情。在很多公司內部做調查研究，發現中層管理者總是和我談論公司管理層級的建立問題、公司策略的問題以及公司變革的問題，卻很少聽他們談到制度和規範的執行、面臨問題的解決方案和行動。同樣的問題是，如果和領導者溝通，他們也關注策略，但是更多地關注績效和執行力，領導者談得最多的是管理者的問題，這是中國管理的障礙。

表面上看，很多人告訴我說這是換位思考，但是管理並不需要換位思考而是做好本職。溝通需要換位思考，管理不需要，這是很大的問題。每一個人做好本職，對本職負責是非常關鍵的。

到底誰是領導者呢？在組織結構裡面，最高職位的就是領導者，如果從一個組織來看，當然只有一個人是領導者，絕大部分人都是管理者。但是相對於一個小的組織而言，管理者又承擔了領導者的職責。因此，對於很多人來說，他需要平衡兩個角色，一個是服從於上司的管理者角色，一個是帶領下屬的領導者角色。美國GE前CEO傑克·威爾許在他的自傳裡寫了這樣一段話：

每一天，每一年，我總覺得花在人身上的時間不夠。對我來說，人就是一切。我總是不斷提醒我們的經理：不管是在哪一個級別上的人，都必須分享我對人的激情。今天，我在他們面前是「大人物」；他們回到公司後，在員工看來，他們就是事實上的「大人物」。他們必須把同樣的活力、獻身精神和責任心傳遞給員工，傳遞給那些遠離傑克·威爾許的人們。對這些員工來說，傑克·威爾許可以說什麼也不是。我的前妻卡羅琳總是提醒我——我曾經在這家公司工作了十年而不知道董事長是誰。我要求每一個GE經理都要記住的重要一條是：在其員工所關心的範圍內，「他們就是CEO」。

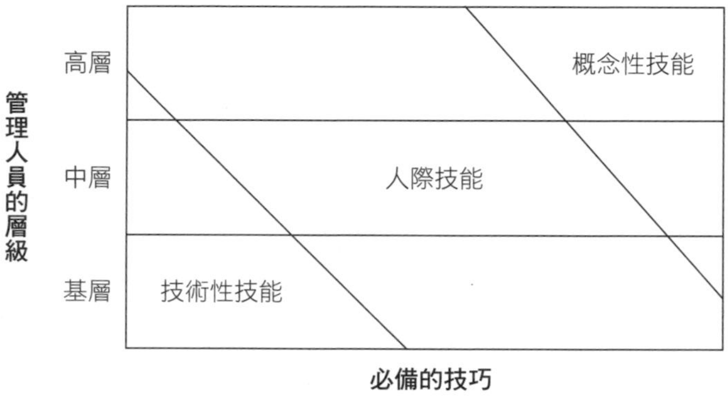

圖4-1　領導技能

在一個部門層面你是領導者，在公司層面你是管理者，所以你需要具備實現績效的能力。同時，在內部促進變革、形成好的管理團隊、不斷地讓部門的方向跟公司的方向一致的能力，也是必需的。很多人以為變化和團隊建立是公司高層管理者的任務，事實上每一位管理者都需要做出同樣的努力，唯一不同的是這些努力必須在自己的職責範圍內。

領導技能

領導職能的發揮，取決於管理者是否擁有領導技能，領導技能包括三方面內容（見圖4-1）。

第一是人際技能。人際技能是指管理者和人們一起工作的能力及判斷，包括人際關係技能、組織技能以及解決衝突的技能。

第二是概念性技能。概念性技能是指管理者能夠明白整個機構的複雜性，及本人的工作適合於機構內任何環節的能力，包括訊息處理技能與制定決策的技能。

第三是技術性技能。技術性技能是指為執行特定任務而運用必需的知識、方法、技能和設備的能力，包括資源分配的技能和其他具體的、與任務有關的技能。

在圖4-1中我們可以看到一些需要特別關注的東西。對於人際技能而言，所有的管理者都需要等同擁有，不管是基層還是高層管理者，所以領導技能的核心是與人合作的能力。對於基層管理者來說技術性技能要求更多一些，也就是需要基層管理者對於工具、技術和設備具有足夠的專業能力，並能夠直接解決問題。對於高層管理者來說，從複雜的事務中整理出清晰的思路和策略是關鍵，也就是說，高層管理者最關鍵的是「複雜問題簡單化」，把公司裡所有複雜的東西變成最簡單的東西，讓所有人理解。

我曾經做過一段時間的總裁，且取得了很好的成績，所以媒體常常問我一個問題：「做總裁和做教授有什麼區別？」我回答得非常簡單：教授就是把一句話變成八句話說，把簡單問題複雜化；做總裁則剛好相反，就是八句話變成一句話去說，複雜問題簡單化。事實上，我也是這樣去做的。做教授是需要不斷地深入分析，尋找到事物背後的規律和機理，因而常常把簡單問題展開，深入細緻地分析，所以非常複雜；而總裁最重要的是獲得績效，這就需要指令明確，可以操作，因而需要把複雜問題簡單化到可以操作。我現在擔心的就是很多管理者都變成教授，因為學習了ＥＭＢＡ，概念非常多、知識也很多，也學會了表達。如果是這樣，真的令人擔心。

所以概念性的力量是領導最重要的技能，如果管理者能夠把複雜問題簡單化，成員就可以有效地執行。其實一個人能不能由基層上升到高層，就取決於這個概念技能，取決於能不能讓複雜問題簡單化。鄧小平先生成為領袖，在概念能力上是超人的。他把很多複雜的問題都簡單化，他讓中國在「文革」之後改變很大，在那樣複雜的社會背景下，他提出改革開放的概念，用「實踐是檢驗真理的唯一標準」，把所有的疑惑、懷疑和質疑都解決掉，把中國社會的複雜性歸結到一個一致的概念裡，取得了令世人矚目的成就。

經典領導理論的應用理解

一九四〇年之前，領導理論更多的是關注領導者個人的特質，比如外貌或者性格特徵、進取心、領導願望、誠實與正直、智慧和工作相關知識等，人們認為某一種人一定是領導者，因為他具有飽滿的天庭和堅毅的下頜，諸如此類。但是一九四〇年之後人們的研究發現，個人特質也許會有作用，但是真正發揮作用的是領導者的行為。俄亥俄州立大學的研究認為是這樣兩個維度：定規維度和關懷維度；而密西根大學的研究則從另外的維度來界定：員工導向和生產導向。之後的研究開始關注領導者所面臨的環境，因為人們發現在不同的環境下，領導的效果會有很大的不同，因此研究沿著這個思路進行，形成了最有影響的權變理論，我們選擇幾個代表人物來做說明。

應該適應領導者的風格而非改變他

管理實踐中一直都有關於什麼樣的領導方式有效的討論，大家對這個問題有著各式各樣的解答，更多的討論不是領導理論本身，而是很多人都認為理論上所描述的各種領導方式沒有問題，問題是現實管理是多種模式一起發生作用。這種觀點我也同意，但是我知道如果讓一位管理者具備多種領導方式的能力是非常困難的，因此我們需要換個角度來認識領導理論。

費德勒[1]提出了領導方式取決於環境條件的著名論述。他認為領導效果是完全視環境條件是否有利來決定的，簡單地概括，當環境條件非常有利或者非常不利的情況下，工作導向型的領導者容易取得成效；如果環境條件處於中等有利的情況下，員工導向型的領導者容易取得成效。領導效果取決於環境條件，而影響環境條件的根本因素有三個，他據此得出三個最為重要

1 弗雷德·費德勒（Fred E. Fiedler），是美國當代著名心理學家和管理專家，他所提出的「權變領導理論」開創了西方領導學理論的一個新階段，使以往盛行的領導形態學理論研究，轉向了領導動態學研究的新軌道。他本人被西方管理學界稱為「權變管理的創始人」。

的結論：

第一，領導者與成員的關係。這是指下屬對其領導人的信任、喜愛、忠誠和願意追隨的程度，以及領導者對下屬的吸引力。如果用我們通俗的說法，就是上下級之間的關係，這是最為重要的影響因素，具有決定作用。

第二，職位權力。即領導者所處職位的固有權力，其所處的職位能提供的權力和權威是否明確充分，在上級和整個組織中所得到的支持是否有力，對雇用、解雇、晉升和增加工資的影響程度大小。這一地位是由領導者對其下屬的實際權力決定的。假定一位部門經理有權聘用或開除本部門的員工，那麼他在這個部門中就比上級經理的地位權力還要大，因為上級經理一般並不直接聘用或開除部門的員工。

第三，任務的具體化。這是指下屬擔任的工作任務的明確程度，指工作團體要完成的任務是否明確，有無含混不清之處，其規範和程序化程度如何，是否能夠讓下屬明確他所承擔的任務上下所屬關係。

費德勒還認為改變領導風格比改變環境條件要困難得多。這個啟示我覺得更具有現實意義，因為我們很多人都期望自己的上司是一位「平易近人」的人，或者「通情達理」的人，或者「雷厲風行」的人，或者每一個下屬心目中的人。但是，實際情況是上司很難與你期望的領導者風格相一致，大多數的情況下上司都是具有明顯風格特性的人，結果常常聽到下屬的失望和怨言，或者下屬認為自己運氣不夠好，無法遇到一個與自己期望相一致的領導者。如果你也是這樣想的，那麼你就真的錯了。費德勒明確地告訴我們，領導風格是很難改變的，這是一個基本的事實。當然即便是這樣，你仍然會取得成效，因為你可以調整環境條件，讓環境條件適合領導者的風格。

理解領導者成效，既可以處理好與上司的關係，也可以處理好與下屬的關係。對於每一個人來說，需要明確自己所處的環境條件，特別是明確上下級的關係，如果上下級關係非常融洽，或者非常不融洽，作為領導者需要以工作任務為中心，這個時候領導成效高。如果你是下屬，在這種情況下，你也應該是以任務為中心，而不需要在調整與上司的關係上花心思。如果上下級關係狀態是中等情況，那麼作為領導者就需要以關心員工為中心，這個時候領導成效高。所以關鍵是調整上下級的關係來配合領導者的風格。

沒有什麼固定的最優領導方式，任何領導形態均可能有效，關鍵是要與環境情景相適應，即應當根據領導者的個性及其面臨的組織環境的不同，採取不同的領導方式。適用於任何環境「獨一無二」的最佳領導風格是不存在的，某種領導風格只能在一定的環境中才能獲得最好的效果。任何領導形態均可能有效，其有效性完全取決於所處的環境是否適合。

我們應該知道，領導風格或者領導方式並不是最重要的，因為任何領導形態均可能有效，最為重要的是領導方式或者領導風格是否與所處的環境條件適合，領導形態的有效性完全取決於所處的環境是否適合，而不是領導風格本身。

所以，不要簡單地寄希望於領導者做出改變，事實上，他們是很難做出改變的。費德勒的理論給了我們一個很好的建議，就是要尊重領導者的風格，嘗試調整你跟他的關係就可以。

沒有不好的士兵，只有不好的將軍

作為上司又該選擇什麼樣合適的領導行為呢？

赫布理論（Hebbian theory）[2]從管理者如何針對員工的不同特徵以獲得領導效果的角度進行研究，這個理論模型告訴我們，沒有不好的員工，只有不好的管理者，因為如果管理者能夠運用不同的領導風格，無論何種成熟度的員工，一樣可以獲得有效的結果。

我習慣用我的方式表達赫布理論模型，這還是在新加坡國立大學課程中得到的啟發，我們根據員工的任務成熟度來劃分員工（見圖4-2），再根據這個劃分選擇不同的領導風格（見圖4-3）。

有心有力	有心無力
無心有力	無心無力

圖4-2　員工任務成熟度

授權型領導	參與型領導
推銷型領導	吩咐型領導

圖4-3　領導風格

在圖4-2和圖4-3中，有心有力的員工就是那些既有能力又熱愛企業的員工，領導風格是授權型的，對於他們的信任給予支持和資源，就可以取得好的領導效果。有心無力的員工是那些熱愛公司但是能力不足的員工，此時領導風格選擇參與型的比較合適，這樣管理者可與這些員工一起努力，解決問題並提升他們的能力。無心有力的員工，是那些並不熱愛公司但是自己非常有能力的員工，對於這些員工需要做的是如何提升他們對公司的認同感，並使得他們主動發揮自己的能力，因此領導風格是推銷型，管理者要能夠不斷地溝通和推銷企業的理念和策略，使得他們和企業達成共識。而無心無力的員工則要求管理者能夠像家長一樣，不斷地跟進，包括每一個細節的安排和規定都要清晰地指引，結合師傅帶徒弟的模式，讓這些員工也能發揮作用並盡快地成長起來。

無心無力的員工常常會在兩種人群中產生，一種是新員工，一種是老員工。新員工的能力還不足，同時也沒有完全了解公司的理念和價值追求，不能夠很好地理解公司的策略，因而還不能夠和企業達成共識。而老員工因為在企業發展的時間較長，他們所擁有的能力可能已經無法跟上企業發展的步伐，加上他們認為自己對企業有了很多貢獻，企業需要愛護和珍惜他們，

2 赫塞與布蘭查德（P. Hersey and K. H. Blanchard）理論，簡稱赫布理論。赫布理論的結論是，領導效果的發揮取決於下屬的任務成熟度，任務成熟度是指下屬從事某一任務的能力與動機，亦即下屬是否具有從事任務所必需的知識與技能，以及下屬是否具有從事任務所必需的自信心與熱忱。

因而不再具有激情。因此，我並不主張根據員工在公司的服務年限來認識員工，而是要看員工的任務成熟度；同樣也提醒管理者，不要輕易把重要的任務交給老員工，不要認為他們是老員工就做授權型領導，也許他們已經是無力無心的員工了。

不管是什麼樣的員工，工作的績效取決於領導者的管理水準，而不是員工的程度。員工可以是不同狀態的，甚至是無心無力的，但是如果管理者具有不同的程度來應對員工，即使是無心無力的員工也能取得好的工作績效。所以沒有不好的士兵，只有不好的將軍。你不能怪士兵不好，如果結果不好，肯定是將軍的水準不夠。將軍程度夠的話，就算是無心無力的士兵也沒有問題，也可以戰無不勝。我認為這個理論非常好地解決了一個問題，就是在管理當中，其實真正發揮作用的是管理者，並不是員工。員工的作用是由管理者來決定的，企業一定要關心管理團隊的創造和培養。只要他們是有水準的，所有的員工應該就會發揮作用。

找到途徑滿足需求，目標就會達成

如果依據上面的理論，我們還是發現有些困難，因為對於管理者的要求太高，事實上也不可能做到一個管理者能夠擁有四種不同的工作風格，大部分的管理者會更擅長運用其中一種或者兩種，這可能才是真實的情況。相對這種情況，豪斯（R. J. House）的「途徑—目標理論」

（Path-Goal Theory）[3]解決了這個問題。此理論不再強調管理者要如何修煉自己的領導風格，管理者可以是武斷型的領導風格，也可以是溫和型的領導風格；可以是授權型的領導風格，也可以是吩咐型的領導風格，領導風格不重要，最重要的是找到一條合適的途徑，讓公司的員工能夠找到實現目標的途徑，進而讓成員得到工作的績效滿足感和工作成績。途徑—目標理論認為領導的作用在於促進努力和績效，以及績效和報酬之間的連結，進而達到滿足成員需求、激發員工的工作動機、增加員工的滿意度、提高工作績效的目的。我們可以用下頁圖4-4表示。

由圖4-4可以知道，對於管理者而言，可供選擇的領導行為有四種，第一種是指導型行為，即讓下屬明白領導者期望他們做什麼，對下屬如何完成具體任務給予具體指導，詳細制定工作日程表。第二種是支持型行為，指和下屬建立友好信任的關係，關心員工的需求、福利和事業發展。第三種是參與型行為，指遇到問題徵詢下屬的意見和建議，允許下屬參與決策。第四種是成就導向型行為，指為下屬設置有挑戰性的目標，期望並相信下屬會盡力完成這些目標，從而大幅度提高績效水準。

3 豪斯的「途徑—目標理論」和以前的各種領導理論的最大區別在於，它立足於部下，而不是立足於領導者。在豪斯眼裡，領導者的基本任務就是發揮部下的作用，而要發揮部下的作用，就得幫助部下設定目標，把握目標的價值，支持並幫助部下實現目標，在實現目標的過程中提高部下的能力，使部下得到滿足。

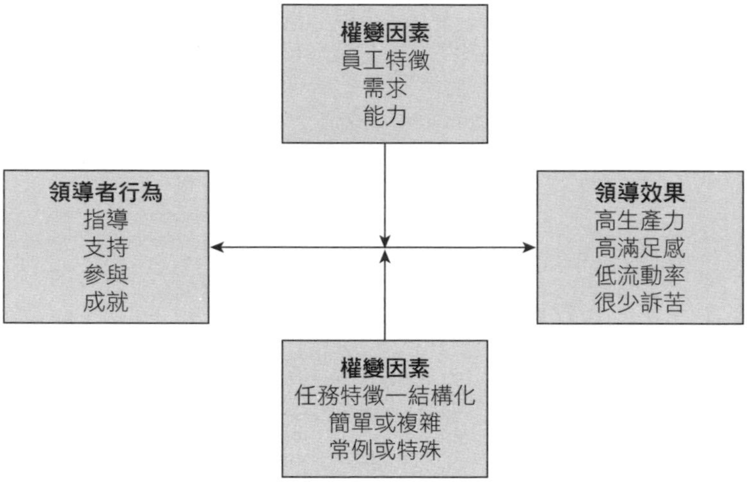

圖4-4 途徑—目標理論

領導行為的選擇，主要是考慮下屬的特徵和工作環境，管理者的主要作用就是為下屬提供支持和幫助，清除實現目標過程中的各種障礙，所以管理者的具體任務就是識別每一位下屬的個人目標，知道他們的需求和願望，也要了解他們的能力，同時需要知道他們所承擔的工作任務特徵，建立薪酬體系，使個人目標和組織績效掛鉤，以獲得滿意的績效水準。

選擇的途徑和員工需求以及承擔的任務特徵要保持一致

最為關鍵的是選擇的途徑和員工需求，以及承擔的任務特徵要保持一致，在這個基礎上設計薪酬體系。我們看看高等學校的管理方式。學校所擁有的人才都是優秀的，至少在知識的儲備上非常優秀，進入大學工作的人，需要在優秀的學校博士畢業並在相應的研究領域有所作為。對於這樣高水準的人力資源，學校並不需要支付非常高的人力成本，而且所有的教員都是自我管理，並能實現學校的目標，學校也因此獲得工作績效。其實，學校就是採用了適合教師特徵的途徑來進行管理，我不能說這樣就很好，但至少是有效的。

在大學裡教書的教師，具有兩個最明顯的特徵，第一，他們讀了很多書，有自己的研究心得和收穫，所以需要有表達的機會；正是有自己獨到的研究和心得，所以教師的第二個特徵就是最不希望有人來約束他。學校採用了自由工作時間的管理辦法，同時給所有的教師設計教學台。當設計了自由的工作時間和可以表達自己想法的講台之後，學校採用職稱晉升的體系，由學校的組織目標而誕生的職稱評定體系，決定教師的自主程度和講台的「大小」，所以所有的教師就朝著職稱的晉升方向努力，而這個方向正是組織的目標，所以學校不需要很古板的管理，也不需要動用複雜的薪資結構，因為一旦獲得教授的頭銜，每一個教師就有了極高的滿足感，而學校也獲得了極高的績效水準。

因此，途徑—目標理論是一個非常符合今天管理環境的領導理論。因為員工需求特徵逐漸成為重要的影響因素，管理者需要做的就是找到員工的需求特徵。也正是這一點，可能需要管理者做些調整，如果管理者還是根據自己的經驗來理解今天員工的需求特徵，那會大錯特錯。

比如八〇後年輕人的需求特徵和以往任何一個年代都不同，雖然各個時代都有其特徵，但是因為二十世紀八〇年代出生的人，正是中國開始實行獨生子女政策後的第一代人，也是改革開放後人們開始富裕之後的第一代年輕人，因而，他們有著與二十世紀七〇年代以前的人完全不同的需求特徵：第一，他們成就的慾望更加強烈，在他們的需求裡，每個人都是成功的，每個人都是可以獲得所有人關注的，因而，他們認為成功是他們的基本特徵。第二，他們比較急功近利，在他們看來一切都需要快速得到，如果需要他們在這個行業裡面蹲十年、八年，他們不會有耐性，最多堅持兩三年，看不到希望他們就會選擇跳槽。第三，他們很會表達和展現自己，他們希望很多東西能夠顯現和表達出來。二十世紀七〇年代以前的人大多數比較內斂，很多東西不希望讓人家知道，但是八〇後的年輕人很希望讓大家知道他們想做的是什麼。第四，他們自己的價值判斷非常弱，經常受環境的影響，什麼該做、什麼不該做，他們並沒有很明確的價值判斷。八〇後的特點，和他們成長期間整個社會價值判斷的混亂有很大關係，這個時期中國正好處在價值觀改變最大的階段。

所以對於八〇後的年輕人來說，需要明確地告訴他們什麼該做、什麼不該做。管理者不要以為他們自己能夠弄清楚，不明確的價值判斷就是年輕人的需求特徵，作為管理者就是要有能力和方法來滿足這些需求特徵。這樣績效才會得到，這對每一位管理者都是很大的挑戰。

對有能力的員工需要尊重和授權

同樣的情況是，對於有能力的員工，管理者也需要好好地了解他們的需求特徵，選擇合適的途徑和工具，讓有能力的員工發揮更大的績效。在有能力的員工的需求特徵中要特別關心什麼？我建議大家必須特別關心兩個方面。

第一個方面是尊重，這個非常重要，幾乎所有有能力的員工都需要更加明確的尊重，更加需要傾聽他們的建議並獲得運用。第二個方面是要給他相應的授權。因為有能力的員工常常會用能夠得到的權力大小來判斷自己的價值，所以他們對於權力會看得更重一些。因此，對於有能力的員工，需要管理者尊重並授權，如果可以給出這兩個方面的努力，那麼這些有能力的員工就會創造出績效，同時他們也能夠獲得很高的滿足感。

對職業經理人的管理方式

如果從領導理論的角度來看，對職業經理人的管理方式就是兩個，一個是例外管理，一個是根據業績給予合理的報酬。聘請職業經理人，一定要在物質報酬的給付方面非常明確，實際上就是透過對於職業經理人的利益保障實現管理的效果。因此，對於職業經理人的物質報酬具有以下四個特徵。

第一，能夠使職業經理人和老闆之間達成共識和協議；第二，老闆所提供的物質報酬的確能達到職業經理人內心需求的標準；第三，物質報酬一定要跟職業經理人所取得的績效掛鉤；第四，老闆要滿足職業經理人切身利益的需求。例如，是否應該配車給職業經理人？這就要看車是不是職業經理人非常重要的切身利益。老闆自己要判斷一下，是提供購車款項的幫助，還是直接提供汽車本身。

對職業經理人的另外一個管理方式就是例外管理。所謂例外管理，就是在日常工作當中，如果職業經理人達到如常的績效目標，他的工作就不要受到干擾；如果出現超越績效目標的情況，就需要直接干預。

所謂如常的績效目標是什麼？如常的績效目標，在不同的公司也許會有些差異，但是最基本的兩個目標是一致的，一個是業績目標，一個是費用預算。在預算和業績目標之間，職業經理人可以按照自己的設計來工作，在這個空間裡面，他想做什麼就做什麼，得到充分的授權和信任。但是，一旦超出業績目標和預算的範圍，老闆就要管了，這就叫例外管理。

合理的與績效掛鉤的物質報酬，有效的例外管理，兩者的結合就是對職業經理人的管理方式。

在對職業經理人的管理中經常遇到的困難是什麼？在物質報酬方面，出現不兌現、不承諾的情況，甚至進行到一半的時候，老闆會覺得不對了，需要改變物質報酬，在這種情況下，除非這位經理人離職了，如果他不離職，公司的工作肯定會出問題。因為承諾給經理人的沒給，這個經理人就會想辦法，他要想辦法，一定比你的辦法多。在例外管理方面，因為沒有較為合理的預算，以及明確的業績目標，所以無法取得好的效果。職業經理人為什麼管不好？就是預算做得不夠好，其實大部分情況是出在預算上，所以如果要聘用職業經理人就要做好預算，預算做不好的話，就會常常不放心，就會干擾他，這樣就無法獲得好的管理效果。

核心人才的管理方式

核心人才對於每一家公司來說，都是至關重要的資源，如何發揮核心人才的作用，是領導者必須承擔的責任。從一九七〇年之後，領導理論解決了一個非常有意思的問題，就是職業經理人和核心人才管理問題，職業經理人的管理，我們在上面已經闡述，下面來看看核心人才部分。對於核心人才的管理來說，需要從以下三個方面入手。

第一，發揮領袖的影響力。核心人才需要施加的是影響力而非管理，領袖就是這樣的特徵。因此領導者面對核心人才的時候，需要釋放領袖的魅力。就是如果面對核心人才，作為領導者需要和核心人才達成價值觀和使命的認同，而不是上下級關係的認同。這就要求領導者能夠溝通使命和價值觀，而不是溝通工作內容。如果領導者僅僅是和核心人才溝通他的工作的話，領導者取得的效果反而是不好的，為什麼？因為他是核心人才，在專業能力或者管理能力上他比你強，而且他天天在做事情，你的意見或者建議不見得對他有幫助。為什麼他又接受你的影響呢？就是因為你能在價值和使命上和他形成認同，對於核心人才來說，這些才是真正重要的東西。

我曾經做了一段時間的總裁，應該說是公司的核心人才，其實我之所以願意空降到這個公司做總裁，是被這家公司的理念和價值觀所吸引，公司的創始人有著非常明確的價值判斷，而且很多價值取向，我非常認同。他有一句話我一直記在筆記本上，他說，「凡事往好處想，往好處做，必會得到好結果」，這句話說得非常好。我後來自己去體驗和實踐這句話的時候，我發現真的是這樣。任何事情往好處想，往好處做，一定會得到好的結果。他還有一個理論就是「饅頭理論」：你有一個饅頭，你一定要給自己吃，你不要給別人，你得先讓你自己活得很好。你有十個饅頭的時候，你要給全家人吃，這樣的話全家人活得很好。你有一千個饅頭的時候，一定要給所有人吃。如果十個和一千個饅頭都留給自己，你肯定會被撐死。這些價值判斷也同樣獲得我的認同，所以我們一起創造了良好的績效。

第二，真正的個人關心。對於核心人才需要關注到他們的個人需求和成長，必須是以獨立、個體的認知來處理與核心人才的關係。很多管理者並沒有確實做到這一點，但是如果沒有個人真切的關心，很難達成核心人才和組織目標的一致，處理不好，會使得這些人才偏離組織的目標，帶來更困難的管理問題。

在管理實踐中，很多管理者對於下屬並沒有真切的個體認識，對於組織的標準和目標可以清晰地理解，但是對於個人的標準和目標理解得就不夠。企業的人力資源部門所關注的是組織績效和個人行為的關係，並沒有更多地關注到組織績效與個人目標之間的關係，這樣就導致了組織目標凌駕於個人目標之上的情況出現。如果個人目標和組織目標沒有衝突，當然沒有什麼問題，但是一旦個人目標和組織目標有差異，管理者很有可能會忽略個人目標，從而導致核心人才的流失。

因此，領導者需要特別關注到每一個核心人才自身的需求，而不是人們的共性需求。同時，實際情況告訴我們，如果被稱之為核心人才，這些員工會具有自我實現目標的能力，也具有多種需求而不是單一的需求，這就更加需要領導者理解其個性而非共性需求。

第三，心智的激勵。人的心智決定行為的選擇，決定了人們在做決策前的邏輯判斷習慣，心智的不同，直接導致行為結果的不同，因此對於核心人才而言，進行心智激勵是必需的選擇。

一些中國人在心智上，我認為有兩個地方是有先天缺陷的。第一是當身邊的人比自己好的時候，很多人不能接受。這是非常糟糕的心智。因為，我們可以合作的人基本上是我們身邊的人，如果身邊的人比我們好我們不能接受，我們也就失去了合作的人。俗語說，「住在隔壁的詩人就不是詩人」，因為你覺得他沒有什麼特別，和你一樣作息，去一樣的商店購物，你就覺得他的詩沒有什麼特別，甚至詩人生活得一塌糊塗。但是，當我們沒和詩人住在一個社區裡，我們不知道他什麼樣的時候，就覺得他的詩美得不得了。

第二個心智是「槍打出頭鳥」。當有一個人做得特別優秀的時候，他身邊的人不是聚在一起商量如何向他學習，而是商量如何用有效的方法，讓他盡快回到大家的身邊來。這是特別可怕的心智，因為這樣的心智導致人們不欣賞、不寬容，甚至會讓優秀的人只能選擇平庸。

心智激勵在目前激烈的競爭環境中更加重要，一方面是人們本身在競爭中就感受到壓力和心態上的衝擊，加上資源和環境的殘酷，更會導致人們急功近利甚至不擇手段，如果不能在心智激勵上做出努力，就有可能讓具有專業能力的人無法獲得團隊的支持，甚至被孤立起來。欣賞身邊的人，真正向先進學習，調整自己的心智是極其重要的。

如何讓授權有效

在我進行的測試中，大多數人都選擇經常充分授權，沒有人選擇無法授權，這說明在管理中，授權已經成為人們的共識。但是為什麼一定要授權，又如何保證授權的有效性，是需要了解清楚的。

為什麼一定要授權？就像很多人回答的那樣，因為授權可以騰出時間做你要做的事情，授權可以讓下屬真正成長起來，授權可以充分發揮人們的積極性。的確，這就是授權最大的好處。授權最大的好處是什麼？事實是可以培養人，沒有授權是無法真正培養人的，因為只有承擔了責任，人才會成長起來。我一直反對用職位培養人，給了職位就會讓人得到鍛鍊，但是如果職位中沒有明確的責任和授權，這個職位還是無法讓人成長起來，因此，授權最大的好處就是可以真正地培養人。培養人的最佳辦法就是分配責任，授權給他，讓他成長起來。

但是，很多人也經歷了授權的痛苦，最常見的情況就是授權無法達成目標，甚至授權之後失控的情況出現。也有很多人告訴我，他不做充分授權，只選擇偶爾授權。在這些人看來，不能夠充分授權的原因是下屬不能承擔、能力不夠或者品行不夠。這些觀點很普遍，我也認同，因為如果下屬成熟度不夠，而又做了充分授權，結果是可想而知的。

但是，我們不能因為這樣就放棄授權，放棄授權就意味著放棄對於人的培養，這樣對於解決問題沒有任何意義。其實問題的關鍵不在於下屬是否成熟，而在於我們如何授權。

授權的關鍵是不將目標設定授權。也就是說，在授權中，資源的運用、方法的選擇以及實現手段的安排都可以授權，只有一個東西是不能授權，就是目標設定的權力。授權是否有效，就取決於目標設定，如果把目標的設定權也授予出去，就會導致目標無法實現，自然就失控。

但是我們常在日常的管理中犯此錯誤，很多管理者把資源、人事以及工作方式的選擇權看得很重，把目標設定的權力卻看得很輕，他們覺得目標需要下屬根據實際情況來確定。但是當這樣授權時，目標就無法成為組織管理的目標，而是下屬和組織尋求資源的理由，一旦形成這樣的狀態，管理就已經無法達成目標，很多人認為授權會出問題，其實問題就是出在這裡。

為了保證授權的有效性，我們還需要注意五種情況：第一，機構越大越要授權；第二，任務和決策越重要，越不能授權；第三，任務越複雜越授權；第四，部屬之間互相不信任，不能授權，也就是企業文化不夠好，大家都不信任、彼此拆台，投機分子很多的地方不能授權；第五，部屬的責任心不夠，不能授權。

運用環境

中國古代有兩個領導者總是讓我感慨，一個是項羽，一個是劉邦。我非常喜歡項羽，這是一個蓋世的英雄，力拔山河之壯士，對朋友、對女人、對士兵他都是傾情而出，但是最終怎麼樣？無顏見江東父老，霸王別姬，楚漢相爭，江山拱手相讓。劉邦是什麼人？大家都知道他的底細，但是所有將相良才，幾乎都投靠在他手下，終成就霸業。

這兩個人最後的結局正是我想和大家溝通的部分，對於領導者而言，最重要的並不是你自己本人擁有什麼樣的天賦、能力，其實最重要的是能夠運用環境。很多人在意自己的教育背景、信仰、個人的風格、職業經歷等，這些固然重要，但是相對於環境的把握而言，這些就不是那麼重要了，因為你自己再有能力，如果不能夠集合智慧、順勢而為，也不可能做出成就來。因為環境就像水一樣，水能載舟、亦能覆舟，環境相對於你個人的能力來說更重要。

所以，領導者要有能力營造有利於你自己的環境，也就是要能夠運用環境。這個道理好像很簡單，但是日常運用中卻經常犯錯誤。比如，一個新上任的管理者，常常想改變環境，所謂「新官上任三把火」，這個觀點是有誤區的。新官上任最重要的是融入環境、認識環境並運用環境，而不是來改造環境，環境其實無法改造，只能運用。就算是你一定要改革，也必須獲得原有環境中一部分人的認同，才能夠取得效果。也許你會堅持說，之所以請你來做新官，就是因為原來的管理出了問題。我也不反對你的看法，但是目前的關鍵並不是需要判斷原有的環境是否對錯，而是獲得管理的成效，對於管理成效而言，運用環境可以達成，改造環境需要付出額外的毅力和代價，同時改造所帶來的不穩定成本是極高的。

向上管理

管理的對象是誰？一直都是一個似乎明確又非常不明確的問題。但是當我們面對具體的管理問題的時候，很多管理者卻無法判斷，管理者和上下級之間的正確關係是怎麼樣的，很多人會認為他必須對上司負責，而同時需要管理好下屬。這樣的管理邏輯非常普遍，而且沒有人懷疑有問題，但是這樣的邏輯恰恰是有問題的。

我們大部分人對於管理的思維定式是：向下管理，向上負責。這個思維定式的結果，導致管理者的社會義務和管理者的責任之間出現衝突，結果無法協調社會責任與經濟績效之間的關係，更不知道什麼樣的反應才是正確的反應，以及管理者應該對誰負責。

問題就是這樣，當我們邏輯混亂的時候，行為選擇也會混亂。如果下屬和上司衝突的時候，我們需要做什麼選擇？如果下屬沒有達到績效要求的時候，我們應該如何行動？遇到不適合的下屬，或者不適應的上司，我們又該如何選擇？

向上管理：管理自己的老闆

一個人的管理對象其實只有一個人，這個人就是你的直接上司。因為管理需要資源，而資源的分配權力在你的上司手上，這也是由管理的特性決定的。因此，當你從事管理工作的時候，你所需要做的就是獲得資源，這樣你就需要對你的上司進行管理。向上管理的核心，就是有意識地配合上司取得工作成效，建立並培養良好的工作關係。

向上管理的核心是建立並培養良好的工作關係，好的工作關係是由五個方面組成的，這五個方面缺一不可。

- 和諧的工作方式。和諧的工作方式要求能夠採用雙方接受的形式處理問題、交流看法並明確各自的職責，這種關係類似團隊角色的關係。每個人的角色是不可替代的，各自更關心的是榮譽而不是權力，更關心的是責任而不是地位，各自更注重互補性而不是彼此的差異。
- 相互期盼。在與上司的配合中，非常重要的是能夠經常溝通雙方的期望，並透過不斷提升期望來提升各自的能力。一旦形成這樣的狀態，雙方都會發現對方是一個最好的參照物，各自會不自覺地拉升自己的期望，使得各自都逐步上升到一個新的高度。
- 訊息流動。組織管理中最困難的是保持訊息有效流動，所以管理不好組織訊息是組織失控的根本所在。組織訊息的正式傳遞、組織訊息的過濾、組織訊息的發布、組織訊息的溝通方式、「意見領袖」、組織訊息的形成與控制，在所有的這些命題中，是由一個要素貫通的，這個要素就是你與你的上司之間的訊息流動。所以一定不要借助第三者來流動，更加不要有所保留，這樣都會傷害訊息流動。
- 誠實與可靠。你與你的上司之間只能夠用一種狀態來描述，那就是誠實與可靠。記住向上管理是一個相互依賴的關係，不是管理與被管理的關係，而是配合和協助的關係。在很多情況下，做下屬的永遠不讓上司覺得難堪：事前警告他、保護他以免在公眾前受到屈辱，永遠不要低估他，因為高估沒有風險，低估會引起反感或者報復。我們要求下屬對上司不要隱瞞。提出這些要求就是要形成誠實與可靠的關心。

● 合理運用時間與資源。對於你而言，上司的時間和資源就是你要爭取的內容。時間的意義在於可以讓訊息流動順暢，可以感受各自的期盼，時間最好的作用是能夠帶來機會，一個可以信任的機會。上司的資源最直接的功效，就是為你的工作提供幫助，每一個上司都希望他能夠為公司的工作發揮作用，很多時候我們忽略了這一點。很多管理人員很得意於自己獨自解決問題，很自豪於自己完成任務，但是他沒有想到，也許借力會有更好的效果。

向上管理，簡單地說，就是迎合上司的長處，盡量避免上司的短處，要不斷自問：「我或我的下屬怎樣做才能使上司的工作更順利？」

向上管理：技巧和注意的問題

1. 利用上司的資源和時間

很多人不願意和上司保持持續溝通，認為只要自己把事情做好就可以了，但實際上這是錯的。因為你如果沒有時間見到上司，你就沒有機會得到雙方的理解和認同。就如很多經理人告訴我說：領導經常變化，沒有辦法跟得上，因此認為領導不對。但是我可以很明確地告訴大家，領導就是要促進變化，所以他一定會變。你為什麼會覺得他的變化你接受不了，是因為你跟他的溝通時間很少，你不知道他怎麼想的、為什麼會變。如果你保留與上司合適的時間溝通，他的每個變化你都知道，你不就能夠很好適應了嗎？所以一定要運用他的時間，這是很重要的。上司的資源一定比下屬的資源多，所以下屬要運用上司的資源，這些資源一定可以讓下屬很容易獲得績效。

2.保持正式的溝通

上下級之間的關係一定要保持在工作關係狀態，不要保持在非工作關係狀態。工作關係狀態就是正式的溝通方式：會議、面談、工作情況的探討、報告以及文件交流。而非工作關係狀態就是情感溝通，最典型的情形是工作時間之外的交流。很多人以為和上司保持親密的關係，也就是在工作時間之外和上司溝通和交流情感是一件非常重要的事情，但是這是錯的。所以，一定要保持與上司的溝通方式是正式溝通，在工作時間內探討問題，交換意見，獲得指令以及指引，甚至獲得支持和幫助。不能夠在工作時間之外投入太多的時間和精力，雖然這樣可以拉近下屬和上司的情感關係，但是對於工作而言並不是一個好的選擇。

3. 發揮上司的長處

上司的長處如果被釋放出來，對於你的工作一定會有極大的幫助。因此，下屬需要了解上司的長處是什麼，下屬如何配合上司，把長處發揮出來。也許有些人會遇到這樣的困難，就是上司的長處和你的長處是一致的，這是很尷尬的情況。但是，請記住我們需要探討的是上司的長處，我們的長處是需要上司了解而不是我們自己了解，因此，你只需要記住上司的長處就好了，自己的長處你可以忘記。當然，最好的狀態是上司的長處跟你的長處剛好互補，不過根本的問題是上司的長處如何發揮，而不是我們個人的。

4. 欣賞與信任

管理是一個講究實效的工作，對於工作效果來說，上司的支持和指引是非常重要的，而要獲得上司的支持，下屬對於上司的尊重和維護就顯得尤為重要。一定要真正能夠理解和欣賞你的上司，千萬不要不欣賞你的上司。我有很多年輕的學生不懂得這一點，他們總是覺得自己比上司水準高、讀書多、知識多、英語好、電腦程度高。往往遇到這種情況，我就會告訴他們，要知道，一個人可以承擔更大的責任是更重要的，而不是你所具有的能力，能力可以幫助我們承擔責任，但是能力之上還有一個更重要的因素，就是信任。從信任的層面上講，你的上司一定是超過你的，正是因為他們能夠獲得信任，也許能力上不如你，但是得到更高職位的是他們而不是你。

領導職能就是把人用好，讓每一個人能夠去做領導者想做的事情。因此，管理者需要了解到領導職能的發揮，的的確確要靠文化，要靠自己的言傳身教，一定要對人性、社會等有足夠的認識。比如今天的年輕人關心什麼，人性當中最合理的需求應該是什麼，人們普遍的行為規範是什麼。所以，領導理論也是藝術與科學的結合，實踐是更為重要的環節。

5

什麼是激勵

調漲工資並不會帶來滿足感，只會降低不滿。

每次講激勵理論的時候，我都會先講一個故事。

有一對很老的夫婦，他們決定不再做任何工作而去享受生活。為了享受生活，安度晚年，他們決定選一個他們夢寐以求的地方去住。兩位老人就在城市裡面找，終於找到一個非常好的地方，房子很漂亮，也很安靜，打開房門，外面就是社區最大的一片草地，房子的窗戶面對的是社區裡最漂亮的一棵大樹。兩位老人拿出所有的儲蓄，把這個房子買下來。可是等他們搬進去住的時候才發現買錯了。為什麼買錯了呢？因為，這塊草地和這棵樹是這個社區唯一可以讓孩子們娛樂的地方，每天都有很多小朋友聚集在這裡玩耍，非常嘈雜，每天都是吵吵鬧鬧、喧喧嚷嚷。兩個人就難過了，因為他們需要一個安靜的地方，顯然這裡不是他們想要的地方。兩位老人該如何辦？

有些人回答說跟小孩一塊玩，融入孩子當中去。這是一個方案，但是老人沒有體力且喜歡安靜。一些同學更大膽地假設把樹挪走，我們知道這是公共財產，做不到。還有同學說把房子租出去，再另外找個安靜的地方，這個方案對花光積蓄的他們來說應該是比較難的。更有意思的答案是養一條大狗，把小孩嚇跑，雖然這是一個方案，但顯然這個方案是不會被採納的。

我們看老人怎麼做。

小孩子來了之後，他們就把房門打開走出來，對所有的小孩子說：「孩子們，你們太好了，你們給我帶來了很多快樂，我必須有所表示，我決定給每人一塊錢來表達我的謝意！」拿到一塊錢，小孩子們很高興，第二天就來更多的小孩。老人又走到小孩當中說：「我實在是太老了，我很想跟你們在一起，你們給我的快樂太多了，我應該有所表示，但是我的錢不多了，我只能給每人一毛錢。」這個時候，昨天拿到一塊錢的小孩就火了，昨天的快樂值一塊錢，今天的快樂值一毛錢，這些孩子們認為不公平，決定不來了。還有一半人覺得一毛錢也不錯，第三天還來。老人又走到大家面前說：「我真的是太窮了，我只能給你們每人一分錢。」這一下，小孩子全都生氣了，因為實在是太不公平了，快樂才值一分錢，他們都決定離開。老人的目的達到了。

這就是激勵，激勵就是讓人們自己做出選擇並願意付出。本來到這塊草地來玩是這些小孩的娛樂，其實是他們自己的事情。但是老人成功地把小孩子的娛樂變成工作，因為他付費給孩子們，付費讓娛樂變成工作。一旦變成工作了就會講報酬，報酬就要講合理性，當報酬越來越低的時候，人們會覺得不公平，就做出選擇。

把工作看成是遊戲，這個時候人們就會投入和願意付出，因為這是他喜歡的東西。

這個故事裡大家還要注意一個問題，當每一次我拿這個故事的問題來詢問大家的時候，幾乎所有答案都是把樹移走、搬家、養大狗。這就提醒我們，當我們給出這樣答案的時候，說明我們還是站在自己的角度，沒有站在孩子們的角度，從孩子們的角度看，這三個方案都不是有利於他們的。這也是大家沒有找到答案的原因，就是因為從自己的角度去尋找答案。這個故事提醒大家，激勵一定站在對方角度去做，不能從自己角度去做。你站在對方角度去做，你就要問：怎麼使這些小孩子願意離開呢？只要這麼想的時候，激勵的方法就是對的。

這就是激勵的兩個角度。第一個角度是激勵一定要想辦法讓工作變成遊戲；第二個角度是激勵要永遠站在對方的角度來做，不要站在自己的角度。這兩個問題也是激勵的核心。

人為什麼工作

人為什麼要工作？有關這個問題的回答是激勵的關鍵。其實人要工作的理由非常多，有人為了餬口，有人為了實現理想，有人為了獲得成就。如果我們不受時間的限制，不受人數的限制，你會得到無數個答案，結果發現人要工作的理由是非常豐富多樣的，這也表明，激勵是一個很複雜而且困難的工作。

如果我們把人們需要工作的理由歸類整理，大致分為五大類。

第一，賺錢。人工作是為了賺錢，這是一個非常明確的工作原因，也是最直接的一個原因。很多人忽略了對於這個根本性問題的認識，總是覺得並不是所有人都是為了錢去工作的。現實當中的確也存在這樣的現象，一些人並不是為了錢工作，但是從普遍的意義上看，賺錢的確是大多數人工作的原因，所以會有人僅僅因為少量金錢的調整，就出現職業的變動和轉換。

第二，消耗能量。人需要消耗能量，這是人的生理需求，工作正是消耗能量的最好方式。在這一點上，很多人也忽略了工作量的設計，忽略了人們可以承受的體力，忽略了人們需要消耗的能量。有些地方工作量不足，人們的能量無法消耗，也因為能量無法消耗又必須消耗，結果導致內耗和不團結；有些地方工作量太大，超出了人們可以承受的限度，人們雖然很喜歡這份工作，但是過多的工作量讓他們無法持續付出，結果導致人才流失。

第三，社會交往。工作可以幫助人們生活在社會中，不再孤獨，可以透過職業，與他人進行交流。人喜好群居，天性中就需要交流和溝通，如果僅僅是血緣的關係，我們可以交往的範圍有限，但是對於普羅大眾而言，似乎彼此之間又太疏遠，所以職業所形成的人際交往，應該是人際關係中最為普遍和有效的交往關係。人們透過職業，接觸社會、擁有訊息。小企業在人力成本中的支付要高一些，就是因為小企業的人際關係窄，而大企業因為有著廣泛的社會交往平台，從而對於人力資源更具吸引力。

第四，成就感。只有工作才會真正獲得成就感，幫助一個人、實現一個目標、完成一個作品等，這些都可以給人以成就感。工作和成就感之間是互為主體的，因為工作會獲得成就，因為成就會讓工作具有價值。成就感無法在自己的行為中獲得，一定是在工作成果中體現。

第五，社會地位。人的社會地位是在工作中獲得的，只有被社會認可的人，才會獲得社會地位。在新中國成立初期，為了能夠投身到建設社會主義當中，不管什麼行業，不管什麼領域，只要是為社會主義建設添磚加瓦的，青年人都會去選擇。毛主席親自接見環衛工人，把這些普通職位的工人提升到中國人民尊重的地位，提升到中國人民學習的榜樣的地位上。結果，很多年輕人都爭相去當環衛工人、普通工人，中國傳統中「萬般皆下品，唯有讀書高」，以及「學而優則仕」的習俗徹底被打碎。

這五大類的理由就是人要工作的理由，雖然激勵的理論很多，方法也很多，但是所有的激勵都是解決這五大類問題的，只有深刻了解人們工作的原因，激勵才會有效。

調漲工資並不會帶來滿足感

很多人認為調漲工資一定會帶來滿足感，從而獲得更高的工作績效，但是赫茨伯格（Frederick Herzberg）的雙因子理論（Two Factor Theory）給我們相反的結論。赫茨伯格[1]最大的貢獻就是，把提供給人們的工作條件細分為「激勵因素」和「保健因素」。在他之前，我們給員工的所有工作條件，都認為是激勵因素，但是赫茨伯格發現事實並不是這樣，工資、工作職位、福利、獎金、晉升、尊重等所發揮的作用並不一樣，在赫茨伯格之前所有人都認為，提供這些工作條件給大家，人們就會好好地工作。後來赫茨伯格發現一部分工作條件起作用，他把這些稱為激勵因素；一部分工作條件不起作用，他把這些稱為保健因素。

所謂保健因素，就是一個人展開工作所必需的條件，如工資、職位、培訓、福利工作設備等；所謂激勵因素，就是一個人做好工作所需要的條件，如晉升、獎金、價值的肯定、額外的工作條件等。

保健因素不會有激勵的作用，當保健因素缺乏的時候，人們會不滿，當保健因素存在的時候，人們的不滿只是減少，但是不會帶來滿足感。激勵因素具有激勵作用，當激勵因素高的時候，人們會有滿足感；當激勵因素缺乏的時候，人們滿足感低，卻不會不滿。

---

1 腓德烈·赫茨伯格（Frederick Herzberg）調查徵詢了匹茲堡地區十一個工商業機構的二百多位工程師、會計師。他要求被訪者回答諸如「什麼時候你對工作特別滿意」、「什麼時候你對工作特別不滿意」等問題，赫茨伯格發現：受訪人舉出的不滿的項目，大都是同他們的工作環境或者工作關係有關，而感到滿意的因素，則一般都與工作本身或者工作內容有關。他把前者稱為保健因素，把後者稱為激勵因素。據此，他提出了著名的「激勵-保健因素理論」，即「雙因素理論」。

所以，作為管理者一定要了解到，漲工資不會帶來激勵的效用，因為工資是保健因素，調漲工資只會讓不滿降低，但不會帶來滿足感。同樣的情況是，很多企業家告訴我，他們能夠給員工提供好的福利待遇，好的工作環境，以及較高的工資，但是他們不明白為什麼員工們沒有產出非常好的績效。其實道理很簡單，企業家所提供的都是保健因素，員工獲得這些因素的時候，只會降低不滿，卻不會有滿足感，自然不會產生好的績效。

我提供三點我的理解和大家分享。

如果使用保健因素，就要絕大部分人得到。只有大部分人獲得，才會讓不滿的人減少。所以，需要漲工資就要使多數員工獲得機會，否則漲工資的結果就是，得到的員工沒有滿足感，只是降低了不滿，得不到的員工會非常不滿。

保健因素只能升、不能降。我們在這一章開始講的老人與小孩的故事，其實就在說明這個道理。當老人把報酬降低的時候，引起了所有小孩的不滿。這個道理放在實際運用中就是，工資只能漲不能降，一降就是負激勵，除非你本就打算做負激勵。但是總體上來講就是只能升不能降，尤其是福利。福利是保健因素，所以在福利設計和調整的時候，一定要非常謹慎，哪怕只是幾元錢的午餐補助，都不要隨意取消，只要取消就會形成不滿，影響到大局。所以福利不輕易調動，如果一定要調整，只能增加、不能減少，一旦降下來，員工或者外部的人就會認為企業出問題了。所以在工資福利方面，一定要慎之又慎。

如果使用激勵因素，就要確保獲得激勵因素的員工是很少的一部分人。理由大家也知道，如果激勵因素是多數人獲得，激勵因素就降為保健因素。這也就是中國最近十年來，獎金不好用的原因。改革開放初期，獎金是很好用的，因為在那之前我們從來沒有獎金，突然間有獎金，對很多人有很強的激勵作用。後來獎金變成所有人都得有，好像不發獎金就不對。當獎金讓所有人都有的時候，就變成保健因素，不會再有激勵作用，只是降低不滿而已，不會再有滿足感。激勵因素除了有少數人得到以外，還有一點很重要，激勵因素必須是可以變動的，不能固定，一旦固定下來又要變為保健因素。

我常常問管理者一個問題，為什麼公司的薪資水準已經是同業最高了，公司的經營績效並不是行業的最高？之所以問這個問題，是因為如果工資水準只是參照同業的標準還不行，還要參照企業自身的經營水準。也就是說，如果公司的經營水準沒有達到同業最高，我建議公司的工資也不要比同業高。當給出同業最高水準的時候，又做不出同業最高的經營水準，就會把這些員工害了，把企業也害了。所以大部分企業在做人力資源的薪酬設計的時候，都是參照同業標準，就是市場價格，這一點我是同意的，但是我還希望加一個坐標，就是企業自己的經營規模和經營水準，要對應一下同業標準，不要好高騖遠。否則你用很高的薪水，挖了實力很強的人來，而給他的業績指標又不是這麼高標準，最終就會毀了這人，也毀了你的公司。

還有一種情況需要我們注意，就是我們所動用的因素同時是激勵因素和保健因素的，比如薪酬，一方面可以是保健因素，另一方面也可以是激勵因素。在這種情況下，最好的選擇是把保健因素變為激勵因素，千萬不要把激勵因素下降為保健因素。高薪、好的工作環境、福利這三項因素都是保健因素，人們在獲得的時候，是認為理所當然，所以不要對這三件事情看得太重，它們並沒有我們想像得那樣有效。

最低層次的需求如果得不到滿足影響力最大

很多人都知道美國心理學家亞伯拉罕・馬斯洛[2]的需求層次理論（Maslow's hierarchy of needs），但是人們並不知道馬斯洛更強調對於低層次需求的滿足。馬斯洛選擇了一個非常好的角度來研究激勵如何產生作用，也就是滿足人的需求。在他的《人的潛能與價值》這本書裡，他告訴人們：人其實有無限的潛能，會創造無限價值，關鍵就是要滿足人的需求。馬斯洛得出結論，人的需求有五種：生理、安全、社交、尊重和自我實現，而且這五種需求是由低向高遞進的。這就是我們通常講的馬斯洛需求層次理論。

對於馬斯洛的需求層次理論，我們需要理解以下三點。

第一，強調人的需求是由低向高遞進的。當生理需求得到滿足之後，會激發出安全的需求，之後會有社交需求、尊重需求的出現，最後到自我實現的需求產生。

第二，最低層次的沒被滿足的需求最有影響力。任何人首先考慮的其實是最低需求，是生存的需求。不要認為對於一些人來說，因為讀過書，因為有能力，自我慾望高，他們所追求的就是自我價值和自我實現，最低需求不是最重要的，自我實現才是最重要的。其實對任何人，未被滿足的最低需求都是具有最大影響力的，當這些需求不被滿足的時候，這些人會做出極端的行為。這一點提醒管理者，對那些有能力的核心人才，在經常跟他們探討自我實現、尊重的同時，一定要對他們的生活狀態、生理和安全的需求給予更多的關心，讓他們活得比較有尊嚴，活得更自由一些。而活得有尊嚴和更自由的條件就是要生存得比較好。大家一定要記住，不管哪個層次的人，最低層次的需求是最具影響力的。

第三，已經滿足的需求，不再有激勵的效果。這一點可能大家還是會同意的，已經滿足的需求，如果我們再強化繼續給予，就不再有激勵的效果。

馬斯洛的需求層次理論在中國的運用中，比較大的挑戰是中美文化之間對於需求的認識，特別是對於個人與社會關係的認識有很大的不同，這就導致當我們使用馬斯洛的需求層次理論的時候，還是會有一些障礙。比如，在馬斯洛看來，人的最低層次的需求是生理需求，但是在

2 亞伯拉罕·馬斯洛（Abraham Maslow）在一九四三年出版的《人類激勵理論》一書中，首次提出了「需求層次理論」。馬斯洛認為，人類需求可以大致分為生理需求、安全需求、社交需求、尊重需求和自我實現需求，並且它們是由低級到高級逐級形成和發展的。

中國文化背景下，人的最低需求是歸屬需求，一個中國人如果發現他不能歸屬在某一個類別裡面，他認為他的生存就沒有價值。在我們的身邊很容易發現一個現象：自由業者很少，即便是自由業，也會想辦法進到一個圈子裡面，或者想辦法構成一個圈子。這就是我們講的歸屬需求。在美國文化中，自我實現是個人發展，而中國文化中自我實現是社會價值實現，所以，我們還需要更深入了解，所面對的文化和環境對人們需求的影響。

人不流動也許是因為安於現狀不求發展

其實，需求無法區分得非常明確，很多時候我們無法界定需求是屬於哪個層次，因此，有人修正了馬斯洛的五層次需求理論。

在克雷頓．奧爾德弗[3]看來，需求可以分為三個層級：生存、聯繫、成長。他把馬斯洛的五個層級做了合併，生存就是馬斯洛的生理和安全，聯繫就是社交，成長就是自我實現和尊重。我覺得這個合併還是比較好的，因為它比較簡單，容易區分。我們可以這樣理解：

第一，人的需求不是由低向高遞進，而是多種需求同時存在。我覺得這個判斷更貼近現實，每一個人並不是先實現生理需求，再去尋求更高需求的滿足，而是具有多種需求，都希望能夠獲得滿足。奧爾德弗說一個人的需求是同時發揮作用，每一個需求都需要獲得滿足。

第二，當一個人的需求滿足遇到挫折的時候，這個人會選擇降低自己的需求，放棄更高的需求，回歸到較低一層的需求上。這個判斷非常好，奧爾德弗在告誡我們，每一個人都需要獲得多種需求的滿足，成長的、聯繫的和生存的，但是當成長需求無法得到滿足的時候，這個人會選擇回歸到聯繫的需求中，如果聯繫的需求也無法滿足，他會選擇回歸到生存的需求中。這個認識是極其重要的，因為很多時候，管理者會認為人力資源狀態穩定是一件好事，但是如果從奧爾德弗的觀點出發，我們所應該關心的不是人們的流動性，而是關心人們為什麼不流動，留在組織裡的關鍵因素是什麼？如果大家都不流動，不是因為需要發展，而是因為生存需求得到滿足，這對於組織來說是非常悲哀的事情，因為這樣的組織一定得不到發展，因為在組織裡的人，都沒有發展的需求，而只是生存的需求。

同樣，在奧爾德弗的觀點之下，我們也應該關心滿足感很高的員工，應該了解他們的滿足感來源於什麼。如果員工的滿足感是來源於生存條件或者社交條件，而不是成長條件的話，對於組織來說是很有害的，因為組織不可能獲得成長。所以不要看流失率不大，就認為是非常好的事情。某種意義上講，如果組織裡的員工流失率不大，又是為生存條件不流動的話，我就建

---

3 奧爾德弗（C. P. Alderfer）於一九六九年提出了對馬斯洛需求層次理論的修正理論，稱為「生存、聯繫、成長論」，也可稱為ＥＲＧ理論。這是他在大量實證研究的基礎上，對馬斯洛的需求層次理論加以修改而形成的。奧爾德弗認為人有三種基本的需要，分別是生存（existence）的需要、聯繫（relatedness）的需要和成長（growth）的需要。

議管理者讓員工流失掉，要主動安排流動，否則，組織無法獲得成長。

第三，確定人的需求影響因素，是他自己的發展程度和他在團體中的經驗。這個觀點有著非常重要的實踐意義。在一個組織中，一個人的發展，取決於他的需求強度，但是這個人的需求強度又取決於他自己的發展程度和他在團隊中的經驗。在一家公司裡，如果你是基層經理，你的發展程度和經驗告訴你，你可以爭取更高的職位，發揮更大的影響力，這個基層經理人就會提升自己的需求。但是如果已經在高層管理者團隊中，你的發展程度和經驗告訴你，繼續提升的空間已經很小甚至沒有，在這種情況下，這個人的需求強度就會減弱。

所以在培養人的過程中，一定要注意人們在團隊中的經驗和發展程度兩者的平衡，個人成長需求、團隊中的經驗、發展程度，三個需求會同時展開，如果不注意這件事情，他可能就會放棄一個需求，尤其放棄成長需求的時候，對公司就是人力資源的浪費。人們問柳傳志成功的關鍵是什麼，他說就是「定策略、搭班子、建隊伍」。所謂搭班子，就是給大家發展的平台。美的集團也是如此，不斷地拆分業務，提供更多的平台讓經理人成長起來。我們一定要記住，企業在任何情況下，都要關注到核心員工的發展程度和團隊經驗，因為這些因素決定他們的需求力量。如果他們認為沒有可能上升和發展的時候，企業也就失去了發展的原始動力。

不要滿足需求而是引導需求

在現實生活中，我們知道人的需求其實是很難滿足的，同樣發現這個問題的是美學心理學家麥克利蘭[4]。麥克利蘭根據人們現實生活的經驗，開始研究如何引導需求，而不是滿足人們的需求。麥克利蘭提出了人的多種需要，他認為個體在工作情境中有三種重要的動機或需要。

- 成就需要：爭取成功，希望做得最好的需要。
- 權力需要：影響或控制他人且不受他人控制的需要。
- 親和需要：建立友好親密的人際關係的需要。

具有強烈成就需要的人渴望將事情做得更為完美，提高工作效率，獲得更大的成功。他們追求的是在爭取成功的過程中，克服困難、解決難題、努力奮鬥的樂趣，以及成功之後的個人的成就感，他們並不看重成功所帶來的物質獎勵。個體的成就需要與他們所處的經濟、文化、社會、政府的發展程度有關；社會風氣也制約著人們的成就需要。麥克利蘭發現高成就需要者

4 美國哈佛大學教授戴維．麥克利蘭（David C. McClelland）是當代研究動機的權威心理學家。他從二十世紀四五十年代開始對人的需要和動機進行研究，提出了著名的「三種需要理論」。

的特點是：他們希望得到有關工作績效及時明確的回饋訊息，從而了解自己是否有所進步；他們喜歡設立具有適度挑戰性的目標，不喜歡憑運氣獲得成功，不喜歡接受那些在他們看來特別容易或特別困難的工作任務。高成就需要者事業心強，有進取心，敢冒一定的風險，比較實際，大多是進取的現實主義者。

成就需要與工作績效到底存在什麼樣的關係呢？首先，高成就需要者喜歡能獨立負責、可以獲得訊息回饋和中度冒險的工作環境，他們會從這種環境中獲得高度的激勵。在小企業的經理人員和在企業中獨立負責一個部門的管理者中，高成就需要者往往會取得成功。其次，在大型企業或其他組織中，高成就需要者不一定就是一個優秀的管理者，原因是高成就需要者往往只對自己的工作績效感興趣，並不關心如何影響別人去做好工作。再次，親和需要與權力需要和管理的成功密切相關。最優秀的管理者往往是權力需要很高而親和需要很低的人。如果一個大企業的經理，權力需要與責任感和自我控制相結合，那麼他很有可能成功。最後，可以對員工進行訓練來激發他們的成就需要。如果某項工作要求高成就需要者，那麼，管理者可以透過直接選拔的方式找到一名高成就需要者，或者透過培訓的方式培養自己原有的下屬。

員工成就的大小，取決於他們自我成就的激勵和外部成就激勵，而且自我激勵會發揮巨大的作用，甚至產生決定作用，自己對自己能夠激勵的話，成就的獲得就不可估量。

如果完全去滿足員工的需求，這是不可能的事情，所以不要在滿足員工需求方面花太多的腦筋，而是應該選擇能夠自我激勵的員工，選擇成就動機高的員工。我們要不斷地激發員工的成就需求，而不是去滿足員工的需求，當員工的成就需求被激勵出來，績效就是無限的。

但是，中國人的成就動機尤其是自我成就激勵的慾望不足，絕大部分的中國人都是知足常樂的。有一次我跟一個很著名的企業家聊天，我問他人生最終的願望是要做什麼。他告訴我是回鄉下蓋一棟茅草房，挖一個水塘，釣釣魚，這就是他的人生終極想法。可是他當時是在管理資產達八十億元人民幣的一家企業，我知道這是一個關鍵的問題，因此，我擔心這家企業將無法更好地發展。事實證明，我的擔心是對的，經過幾年，行業遇到更大的競爭，更殘酷的競爭，這家企業和這位企業家就真的往後退，現在這家企業不在了，真是很可惜，當時它是行業第一名。

這是我們需要特別留意的問題，很多人會認為不需要有那麼高的企圖心，不需要有太強的成功欲。這也許是在文化層面上的問題，我們的文化並不是一個自我激勵的文化，是一個外激勵的文化——外激勵文化的成就慾望是比較弱的。麥克利蘭的成就激勵理論，需要我們了解以下兩點：第一，人們是需要外激勵。不要認為每個人會自己找事情做，會以很高的標準來要求自己。一定要有很強的外激勵來激發他們，千萬不要認為每個人一定會把事情做好。第二，要想盡一切辦法激發人們內在的成就慾望。因為只有激發內在的慾望，人們的成就才能夠真正地獲得。

滿足感並不一定帶來高績效

有了滿足感就一定會產生高績效嗎？我相信答案是明確的：沒有滿足感一定不會有高績效，但是有了滿足感並不一定具有高績效。甚至，高滿足感的員工，也許會沒有高績效。

產生這個現象的原因是，滿足感是個人需求獲得滿足而引發出來的，但是個人需求的滿足和工作績效並沒有直接的關聯，很多時候，人們的需求是非常個人化的，和工作沒有任何的聯繫。有些人喜歡好的工作環境，這個工作環境就是他的需求，而不是在工作中獲得績效。所以當工作環境很好時，導致員工很有滿足感，但是他並沒有關心工作本身。

面對這樣的情況，我們需要做出以下調整：

第一，滿足員工的需求，讓員工獲得滿足感。第二，讓員工的滿足感來源於工作本身而不是個人需求。工作本身可以用五個指標來說明：薪資、晉升、信任、同事關係、工作本身。薪資和晉升自然重要，這是人們工作滿足感兩個非常顯見的指標；信任也很重要，因為信任就會減少緊張程度，不需要太多的監督和猜疑；工作本身是滿足感最直接的一個來源，喜歡工作本身就會讓工作很快樂，人自然容易獲得滿足感；同事的關係，也就是人際環境，這也是非常重要的一個因素，在一個親和力非常好的環境中，人會很快樂，同事們互相幫助，可以推進工作的展開和取得績效。

我們能夠讓工作績效和滿足感直接關聯的時候，滿足感和績效會相互作用。在這種情況下，人們會更喜歡工作，總是用創新的方法把工作做好。這個時候人們會享受工作，而且工作帶來的績效又增強了他們的滿足感。

激勵不發揮作用的情況

通常的情況下，激勵總是會發揮作用的，但是，我還是要提醒管理者，在某些情況下，不管採用何種激勵措施，都無法達到效果。了解和掌握這些情況，可以讓我們更好地了解激勵的作用，同時也能夠針對問題做出選擇。以下情況，激勵無法發揮作用：

第一，工作超量所造成的疲憊。當一個人工作能力很強的時候，往往承擔非常重的工作量，當然也會相應獲得高的肯定。但是當工作量到了引發疲憊的時候，如果為他設定一個休假的設計，結果就會導致這個人離開這個工作，雖然這是他喜歡並勝任的工作。有些時候，這樣的錯誤非常普遍，很多人都是不斷地鼓勵大家拚命地做事情，但是如果一味讓他拚命做工作，最後他會疲勞，哪怕他非常熱愛這個工作，他也會離開的，這種疲勞已經不是激勵可以解決的，應該做出調整。

第二，角色不清，任務衝突。工作的分工對於每一個人來說是至關重要的，沒有明確的分工，人們就無法體現出自己的工作成效，也無法發揮作用。所以對於每一個人來說，清晰的職責和分工，是他們獲得工作績效的前提。然而，我們也常常發現，無法獲得清晰分工的現象同樣存在，甚至角色不清，他們並不知道直接彙報的程序是什麼，也不清楚什麼樣的工作標準可以參照，更加不知道應該傾聽哪些人的意見，以及如何取得肯定和認可。他們承擔著多種任務、多種角色，甚至很多任務和角色之間是衝突的。在這種情況下，無論使用何種激勵措施，都無法獲得工作績效。

第三，不公平的待遇。當人們覺得被不公平對待的時候，任何激勵的措施都是無效的。公平對於每一個員工來說都是非常重要的，因為在人們的心目中，只有公平存在，所有的考核和獎勵才會真正有效，如果公平本身已經不存在了，那麼考核和獎勵只是形式上的，而不是真正意義上的。因此，只要人們覺得不公平，激勵就不會有效果。

綜上所述，只要不滿來自於疲憊、角色不清、衝突的任務和不公平的待遇，就不要從激勵角度再去努力，因為不管再怎麼花錢，再怎麼承諾都是沒有用的。可能人們會暫時接受管理者所做出的激勵安排，但是，這並沒有解決根本的問題。所以，在以上三種情況下，我建議不要再動用激勵的措施，而是切實地改變人們所處的工作狀態，合理的工作量設計、清晰的職責、明確的任務以及公平的待遇，只有切實解決這些問題，人們才會安心工作，在此基礎上，增加激勵的措施，就會獲得高的工作績效。

不公平是絕對的

我們知道公平本身就是最好的激勵，在公平的環境中，人們會產生高的工作績效，所以如果說需求理論還不能直接產生績效的話，那麼公平理論就能很好地解決這個問題，獲得公平待遇就會直接產生績效。

在公平理論（Equity Theory）[5]中開篇就強調不公平是絕對的，公平是相對的。在管理的狀態下，因為分工不同，承擔的責任不同，所獲得收益也不同，因此不公平是絕對的。但是我們需要公平，因為唯有公平才可能產生績效，所以公平理論在闡述了公平的本質特徵之後，明確地指出：公平是一種感覺。這就給了我們一個很好的幫助，雖然不公平是絕對的，但是我們依然可以獲得公平，因為公平本身是一種感覺，是一個人的判斷，只要我們能夠合理地提供判斷的標準，公平感就會出現，也就可以獲得公平的效果。如果我們用絕對意義來理解公平，公平其實是不存在的，但是我們從相對意義上來理解，公平是一種感覺，這種感覺是存在的。

5 公平理論又稱社會比較理論，它是美國行為科學家亞當斯（J. S. Adams）在《工人關於工資不公平的內心衝突同其生產率的關係》（一九六二，與羅森鮑姆合寫）、《工資不公平對工作質量的影響》（一九六四，與雅各布森合寫）、《社會交換中的不公平》（一九六五）等著作中提出來的一種激勵理論，該理論側重於研究工資報酬分配的合理性、公平性及其對員工生產積極性的影響。

公平感來源於什麼？我們可以從下列公式中得到答案：

$$\frac{\text{我獲得}}{\text{我付出}} = \frac{\text{他人獲得}}{\text{他人付出}}$$

當人們比較的是付出，而不是獲得的時候，就會產生公平感。在日常管理中，我們忽略了讓員工比較付出的引導。很多時候，大家較容易比較獲得，尤其是在績效考核完成後，很多公司需要獎勵員工，但是因為是以獎勵為主，因此沒有好好地傳揚獲得獎勵的員工的付出，很多人反而認為不公平，這些獲得獎勵的員工也沒有真正地受到尊重，甚至帶來傷害。

公平理論的核心就是透過比較每一個人的付出，使人們獲得公平的感覺。因此在獎勵員工的時候，一定要把獲得獎勵的原因彰顯出來，讓大家了解到先進員工的付出，最重要的不是公布獎勵的結果，而是公布他取得績效的過程。如果我們只是公布獎勵的結果和獎金數量，很多人的內心覺得不公平，覺得大家都應該分享。比如說一等獎是十萬元，獎勵一名貢獻突出的員工，但是這個時候其他人都覺得不公平，因為其他人只拿一千元，大家就開始覺得這太不公平了，也太糟糕了，為什麼他拿十萬元，哪怕他拿一萬元，剩下九萬元給我們分分也好。但是如果我們宣布一名員工獲得一等獎，之後公布他所做出的績效和所付出的努力，公布他一年來所做的事情，所耗費的精力和時間，依然是獎金十萬元給他，大家就沒有意見了，而且覺得很公平，因為大家發現這名員工所做的事情，他們無法做得到，正是這名員工的貢獻，才有公司的進步。大家會欣賞他，同時也支持他得到這十萬元的獎金。

在運用公平理論中，最大的困難是管理者認為公平的東西，員工認為不公平。這是一個難題，而且非常普遍，往往因為所處的位置不同，承擔的責任不同，看問題的角度不同，對於公平問題的看法差異很大，所以要求管理者一定要了解到員工的真實想法。第二個難題是我覺得最有意思的一個地方，其實中國人對公不公平並沒有我們想得、看得那麼重，中國人最關心的不是公平，而是平均。如果設立獎金，那麼大家都要有獎金；如果有激勵的安排，那麼大家都要受到激勵，所有的事情，公平不重要，最重要的是所有的人都要平均獲得。所謂「不患貧，而患不均」、「不平則鳴」等都是這種心態的反映，我們要特別地注意。

人會成為他所期望的樣子

期望理論（Expectancy Theory）[6]是我最喜歡的激勵理論，因為只要運用這個理論，工作績效就會直接獲得，同時它也是培養年輕人的有效方法。我記得這樣一個故事，一組關於期望理論的研究專家決定做一個實驗，他們來到一所中學，在新生入學的第一學期，舉行了一場選拔賽，在五百名學生中選拔出最優秀的五十人。為了更好地培養這些優秀的學生，專家們說服學校在全校一百名教師中也進行一次選拔賽，選拔最優秀的五名老師來負責教育這五十名優秀的學生。六年後，這些學生要畢業了，在最後的畢業考試中，這五十名學生的確以全校最優秀的成績畢業，而這五名老師在這六年間也獲得非常大的提升，都成為當地的特級教師，獲得無數的獎項。

在這個時候，專家小組公布之前選拔賽的成績，這五十名學生並不是最優秀的學生，專家只是隨機抽取，這五名老師也是隨機抽取得到的。但是經歷了六年，五名老師和五十名學生真的成為最優秀的老師和學生，這就是期望理論。

期望理論的運用需要三個基本的條件：第一，期望價，也就是設定的目標，必須讓成員相信這個績效目標是可以實現的；第二，是媒介，需要有獲得信任的載體和措施，我們稱之為媒介；第三，對於期望目標的評估，確信這個目標。這三個條件缺一不可，簡單地說期望理論其實就是設計一個績效目標，並讓人們確信這個績效目標，最終實現這個績效目標。在上述的故事裡，全校最優秀學生和老師是績效目標，選拔賽是媒介，五名老師和五十名學生確信自己是最優秀的。

期望理論是培養年輕員工主要的方法，年輕人都對自己有很高的期望，可塑性很強，所以完全可以按照我們的期望來塑造他，我們想要他成為什麼樣的人，他就可以成為什麼樣的人，關鍵是如何運用期望理論。

運用好期望理論，需要做到以下幾點：

第一，設計的目標不要太高，不要設計一個根本不可能實現的目標，因為無法達到的期望等於沒有期望。曾經出現過這樣的情況，組織確定了一個全員的目標，這個目標太宏大和高遠，結果九五％的人認為根本無法實現，同時又知道不可能開除九五％的人，所以所有的人都不在乎這個目標，也不要求自己朝著這個目標去努力。一個沒有人相信會實現的目標，是一定不會有激勵效應的。第二，需要有媒介，需要設計一個讓所有人認為公平可信的載體。第三，承諾要兌現，不管最後多少人達成期望，都一定要兌現當初的承諾，這樣才可以激勵人們向更

6 期望理論最早是由美國心理學家維克托．弗魯姆（Victor H. Vroom）在一九六四年出版的《工作與激勵》一書中首先提出來的。期望理論認為，個體行為傾向的強度，取決於個體對這種行為可能帶來結果的一種期望度，以及這種結果對行為的個體來說所具有的吸引力。期望理論用公式表示為：激勵力量（M）＝目標價值（V）×期望值（E）。

高的期望努力。

金錢是最重要的激勵措施

我曾經多次問過一個問題：根據你們的管理經驗看來，你們認為金錢在激勵上是否非常重要？答案有五個：①非常重要；②相當重要；③重要；④不太重要；⑤不重要。無論是在哪一所大學的商學院做測試，結果幾乎一樣，只有非常少的同學選擇答案①和答案④，絕大部分同學選擇了答案②和答案③；而選擇答案⑤的人幾乎沒有。

在選擇答案②和答案③的絕大部分同學中，大家的理由也幾乎是一樣的，概括起來大致有三點：對於高層次的員工來說，金錢對他們已經不太重要，在低層的員工金錢非常重要；沒有錢萬萬不能，可是錢又不是萬能的；自我實現，獲得成就比金錢更重要，在某種程度上講，精神激勵比金錢激勵更加有效。

以上三種觀點是大多數同學的選擇，可惜這樣的理解是錯的。我們談論的是金錢在激勵上是否非常重要，而不是每個人對於金錢的看法。絕大部分的同學之所以沒有理解到金錢在激勵上非常重要，就是因為他們把自己對於金錢的看法放到了對激勵的理解中，這樣就導致了他們認為金錢相當重要或者重要，但不是非常重要。但是，這的確是錯的，一定要糾正過來，需要明確地知道：在激勵上，金錢非常重要。

為了說明這個問題，我們先來了解什麼樣的激勵是有效的。當我們確定需要動用激勵措施的時候，衡量採用的激勵措施是否有效，有三個基本的特徵：重要性、可見度、公平感，具有這三個特徵的激勵措施就會產生效用，如果沒有這三個特徵，激勵措施就不會有效。

公平感我們不再做解釋，在前面已經做了介紹，我們在內部運用激勵措施的時候要關注公平感，這是內部可以控制的特徵。所以，只要激勵措施具有重要性和可見度這兩個特徵，我們都會認為是最有效的激勵措施。如果用激勵措施的特徵來做標準的話，對於上述這個問題，答案就顯而易見是①，即非常重要。因為金錢的重要性足夠，可見度足夠。金錢在今天的生活中是價值的標識，整個社會的價值可以用金錢來衡量，所以金錢一定是非常重要的激勵措施。當然，如果有一天，社會的價值不用金錢衡量，金錢的重要性和可見度都不足夠了，那個時候，金錢就不再是重要的激勵措施。

但是為什麼絕大部分同學沒有選擇「非常重要」？為什麼絕大部分同學都認為對於高層次的人來說，金錢不再重要？這裡面有一個誤區，其實，對於高層次的人來說，產生激勵效果的金錢的數量需要更大，而很多時候這個數量是無法獲得的。因此，高層次的人就很少談金錢的激勵作用，因為他們很清楚他們無法獲得更多的金錢激勵，不如就不再談論和要求。事實上，對於低層次的人來說，比較少的金錢就可以有激勵效果，而對於高層次的人來說，需要很多的金錢才能獲得激勵效果。

為什麼對於一些人來說精神激勵更重要？這個問題同樣存在誤區，認為對於一些人來說精神激勵更重要，我沒有反對這個看法，但是我還是希望大家清楚地認識到，當精神激勵重要的時候，並不意味著金錢激勵不重要，對於一些人來說，需要更多的激勵才會發揮作用，既要金錢的激勵，還需要精神的激勵。

金錢只是我選擇來作為一個例子，幫助大家了解有效激勵的衡量標準，按照重要性和可見度來衡量。除了金錢之外，還有晉升、福利、社會地位、成就以及特別的獎勵等，這些都是有效的激勵措施。所以動用激勵措施的時候，一定要突出重要性和可見度。只有突出這兩個特徵，又在一個公平的環境中，激勵才會得到預期的效果。

奧運會就是極好的例子，相對於所有的體育賽事來說，奧運會具有獨特的地位，對每一個運動員來說，他們會把在奧運會中獲得獎牌作為畢生的追求。因為奧運會把運動員的獎牌和最重要的事情，以可見度最高的方式連結在一起，獲得獎牌的運動員，看到的是國旗升起、國歌奏響，傳遍世界的每一個角落，在那一瞬間，一生的重要性和可見度都彰顯了出來。

所以，激勵的設計非常重要。很多時候，大多數管理者會認為，激勵措施最重要的是滿足員工的需求，理論上好像沒有什麼錯誤，但如果以滿足員工需求來安排激勵措施的話，就會發現非常困難。一方面是每一個員工的需求不一樣，另一方面也很難了解到員工的真實需求。因此最好的方式，從重要性、可見度去設計激勵措施，在激勵應用當中，我們應該記住激勵措施是否有效，只取決於重要性、可見度和公平感，而不是每個人的需求滿足程度，就如我小小的測試所表現出來的結果一樣，很多人用自己對於金錢的需求做判斷，結果做出不正確的選擇。如果依據需求來做判斷，激勵是很難有效的，一定要用激勵措施的特徵來判斷。

成本最低而且最有效的四種激勵措施

激勵需要成本，這個是肯定的。無論是晉升、特別的獎勵還是福利等，都需要花費成本，這就要求在運用激勵措施的時候，需要關注到成本，尋求成本低、效果好的措施。

1. 鼓掌

在所有的激勵措施中，鼓掌是一個花費很少卻效果極佳的選擇。鼓掌並不需要花什麼錢，但是重要性和可見度都很高。得到掌聲就是得到肯定，這對每個人都很重要。但就是鼓掌這樣簡單的措施，並不是所有人都會運用，更多的管理者甚至不知道鼓掌應該是多少次，我因此很懷疑人們是否運用了鼓掌這個最簡單的激勵措施。我曾經問這個問題無數次：「鼓掌，需要鼓多少下？」絕大部分的回答是「三四下」。其實只要我們自己鼓掌來測試一下，就會發現三四下是沒有感覺的，時間太短，無法感動聽者。所以鼓掌要超過九下，只有超過九下的掌聲，聽者才會感受到，同時被感動。了解到大家對他的肯定和讚賞，他才會因此獲得激勵並更加努力地工作。因此，只要我們用掌聲來激勵，就要長時間、熱烈地鼓掌，必要的時候還需要起立，站立起來長時間地鼓掌，這樣的激勵是非常令人振奮的，可以給人非常明確的肯定和讚賞。

2. 讚美

讚美是第二個花錢比較少、激勵程度高的措施。曾經有人做過調查，結論是當上司能夠給下屬直接的讚美時，激勵效果非常好。日常的管理經驗也告訴大家，當眾表揚是非常有效的獎勵。大多數人認為最有效的激勵是針對工作上的表現，管理者親自並立即給予表揚。美國的格蘭德・葛雷漢（Gerald H. Graham）博士主持過一個調查，結論是最有效的激勵技巧包括：

- 員工表現傑出時，上司親自道賀。
- 上司親自寫信表揚好員工。
- 以工作的表現作為升遷的基礎。
- 管理者公開表揚優秀員工。
- 管理者召開會議公開獎勵部門或個人表現優良者。

但是上述有效的激勵措施，日常管理中卻並不常見，管理者總是採用獎金的方式，在年底做表彰，不習慣在日常行為中運用激勵的措施。有些時候，一句讚美和肯定的話，所帶來的激勵效果是不可估量的，這件事情就發生在我自己身上。我第一年做教師的時候，講授的課程是大學一年級的《馬克思主義哲學基本原理》。在我教師生涯的第一個學期，我遇到了一群非常好的學生，當學期的課程進行到一半的時候，有一天我按照往常的習慣提前十五分鐘到課室，一進門我就愣住了，因為在課室的黑板上整整齊齊地寫了一句話：「陳老師，這個週五課程結束的時候，我們盼著下一個週五的到來。」就是這樣一句話，令我感慨無比，我也因此知道，「做一個令學生喜歡的老師，是我人生最重要的價值」，也因為這句話，我一直很努力地做一個令學生喜歡的老師，直至二十多年後的今天。

3. 鮮花

鮮花是相對花錢比較少、激勵效果明顯的第三個措施。因為鮮花在人的生活中有著非常多的象徵意義，可見度也很高，管理者需要學會運用這個激勵措施。我就是常常被學生們的鮮花感動，在教師節的時候，在課程結束的時候，在學生畢業的時候，每一束鮮花都讓我不斷地感受到做老師的幸福，也不斷地感受到學生給予的肯定和期望，也不斷地自我激勵，不要辜負這些鮮花、這些期望。

4. 隆重的儀式

隆重的儀式相對來說需要花費成本多一些，但是隆重並不是豪華，而是要用心賦予儀式一些價值。日常生活中會有很多特殊的時刻，如果我們能夠運用好，並給予隆重的儀式，帶來的激勵效果是顯而易見的。

我曾經參加過一家公司的新員工報到，很多公司都是給予新員工培訓，了解公司的情況。但是這家公司在新員工報到的安排上，卻用了一個非常不同的儀式，就是為每一個員工發一個刻有公司和員工名字的杯子，這個杯子由老員工一對一地交給新員工。兩年後，我又一次和這些曾經的新員工見面，他們都告訴我，報到的一個杯子讓他們印象非常深刻，在那一刻他們知道自己是公司的一員，而且非常珍惜這個杯子。

但是無論如何，激勵都是需要成本的，因此需要管理者有效地運用激勵措施。激勵作為最重要的技能，需要每一個管理者都真正掌握並有效運用。激勵一定要針對人性，激勵一定要符合時代的潮流，一定要了解到每一個時代人們的需求特徵的不同——二十世紀八〇年代之前我們可以評選「先進生產工作者」，二〇〇五年之後評選的就是「超級員工」，到了二〇〇九年評選的就是「快樂員工」。

激勵還需要個性化和制度化的配合，如果激勵完全是制度化的，那麼激勵很容易變成保健因素，更糟糕的是制度化會減弱激勵的效果。比如很多公司給每個月過生日的員工購買蛋糕一起過生日，但是第一年之後，如果還是用同樣的方式做第二年的安排，所有的員工就不會有好的感覺，生日的安排就沒有激勵作用了。因此，在激勵中需要個性化和制度化的結合，充分發揮管理者自己的想像力，給員工一些驚喜，就會得到很好的激勵效果。

授權與信任是最大的激勵

Google的書《Google模式：挑戰瘋狂變化世界的經營思維與工作邏輯》（*How Google Works*），阿里巴巴集團參謀部的Nick撰文寫道：在該書作者看來，未來組織的關鍵職能，就是讓一群Smart Creatives聚在一起，快速地感知客戶需求，愉快地、充滿創造力地開發產品、提供服務。什麼樣的人是Smart Creatives？一句話，Smart Creatives不需要你管，只要你營造氛圍。所以傳統的管理理念不適用這群人，甚至適得其反。

首先，你不能告訴他們如何思考，只能營造思考的環境。給他們命令不但會壓抑他們的天性，也會引起他們的反感，甚至把他們趕走。這群人需要互動、透明、平等。書裡反覆強調，凡是不受法律或者監管約束的訊息，Google都傾向於開放所有給員工，包括核心業務和表現。Google採用的就是這樣一種模式，員工自然將慕名而來，這也讓Google保持了非常好的創造力和領先的行業地位。

「創意精英」類似於杜拉克先生提出的「知識員工」，他強調管理需要面對的是這樣的人群。我還很清楚地記得杜拉克先生對於「知識工作者」與「雇員」之間的定義的區別，他說「在知識社會裡，雇員，即知識工作者，還擁有生產工具。這同樣重要，而且可能更重要。馬克思發現工廠的工人不擁有、而且也無法擁有生產工具，因此不得不『處於孤立的地位』。這的確是馬克思的遠見卓識……現在，真正的投資體現在知識工作者的知識上。沒有知識，無論機器有多麼先進，多麼複雜，也不會具有生產力。」

杜拉克先生的這段話，可以讓我們好好地去理解今天的從業人員，現在絕大多成員都是知識工作者，他們擁有知識並因此擁有了自己的相對自主能力。相反組織如果僅僅擁有資產，不能夠為成員提供其運用知識和發揮知識的作用，這個組織也就喪失了自己的價值。

因此，激勵需要面對這些有自主能力，又具有創造能力的員工。對於這些員工而言，授權及信任是最大的激勵。提供平台，給予資源支持，讓他們發揮價值與作用，結果就會呈現出來。

6

决策如何有效

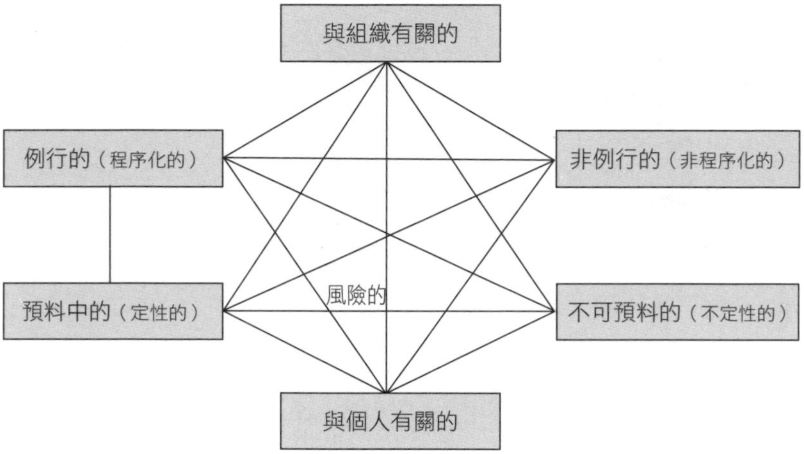

圖6-1　決策的分類

集體決策，個人負責，而非個人決策，集體負責。

一個最重要的領導行為，就是怎麼快速決策，並保證這個決策是有效的。決策是領導者的日常管理行為，同時決策本身又和很多問題相關，我們來看圖6-1。

圖6-1是很標準關於決策的分類。在分類裡，大家發現決策其實很複雜。它有可能跟組織相關，有可能與個人相關；有可能是例行的，有可能是非例行；有可能是預料中的，也有可能是不可預料。其實在做很多決策的時候，你都會覺得困難。包括我們每個人，我們要不要學習，要不要給員工多投入，要不要培養他們，要不要轉換行業或地區，甚至是否需要改變自己的目標。

有一次，一個已經具有相當規模的企業老闆來找我，告訴我他的一些困惑，但是我們兩個人的意見卻有非常大的差距。這個老闆認為不能給員工太多的投入，包括培訓、工資以及其他的資源。他認為如果員工有很多錢又很聰明，老闆就管不了他，而且這個員工會有很大的可能在某個時候選擇離開。所以老闆認為最好的方法就是不要讓員工有那麼多錢，也不要學得太聰明，只有這樣的員工才可靠。我不認同他的意見，雖然老闆是可以覺得他的員工好管，問題是如果不讓員工成長和發展，這就有點像武大郎開店——妒賢忌能，企業能夠保留下來的員工都是沒有發展慾望的員工。如果這樣下去，企業就沒有辦法做得更成功。但是，老闆一句話把我頂回來，他說：「我幹麼要那麼成功？我現在不是活得好好的。」

的確，這個老闆好像沒有什麼錯誤，因為這就是他的選擇，這就是他做的決策，對他來說，他關心的是現在如何活下來，而不是未來需要做什麼。這就是決策，決策決定你的選擇。

決策的目的是為了執行

經常有很多人問我，怎樣保證決策是正確的，我幾乎無法回答這個問題。如果我們的目的是尋求決策的正確性，我們其實已經偏離了決策的方向。決策是為了能夠執行，而不是追求正確性；或者說決策正確性指的不是決策本身，而是決策得到執行的結果。

我們常常在判斷一家企業的決策對或錯的時候，其實並不是看這個決策本身，而是看這個

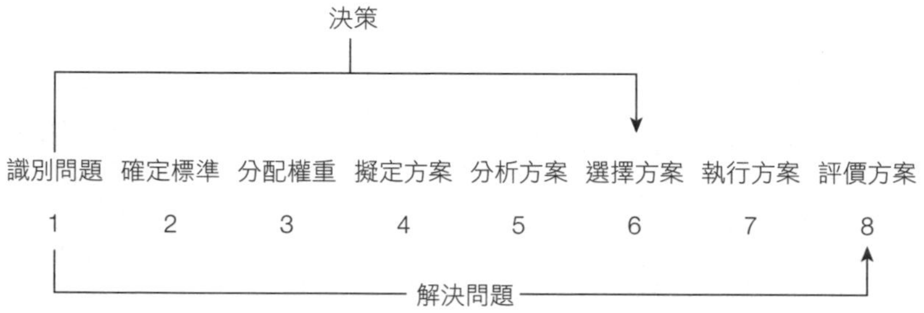

圖6-2 選擇決策和解決問題的區別

決策是否能夠最後獲得執行並取得決策的效果。其實對於決策來說，主要是看決策者做出決策的時候，能不能讓決策執行到位，而且是否可以堅持到獲得決策結果。所以有人常常講，經理人其實最後是意志力的比拚，並不是對錯的比拚。就是誰能挺到最後，誰能活到最後，大概誰就是對的。

所以，今天我來講解決策，重點在於：做出決策之後，能不能夠確保決策獲得真正的執行。

我們來看圖6-2。

圖6-2看起來很簡單，但恰恰是暴露了大部分決策最後沒有落實的主要原因。由圖6-2就可以看到問題：從步驟1「識別問題」開始，到步驟6「選擇方案」，這個過程是決策過程。決策本身就是選擇（步驟6），但是如果我們把決策徹底執行的話，就要解決問題，而不是做出選擇。也就是說，決策是要解決問題而不是簡單做出選擇，如果簡單做出選擇，只是完成了決策的過程，而決策本身是要解決問題的，只有把問題解決了，決策才會獲得結果並被檢驗。

這張圖說的意思是什麼呢？如果要獲得決策結果，就必須保證執行決策的人從步驟1就開始參與決策，也許他們沒有決策的選擇權，但是必須參與決策的全過程。只有這樣，決策才會獲得落實，也才會獲得結果。也就是說，如果我們確保決策是可以執行到位的，那麼執行決策的人開始就要參與決策，從步驟1「識別問題」開始就要參與。我們絕大部分犯錯誤的地方，就是做出決策選擇的是一組人，執行決策的是另外一組人，因此決策就無法獲得實施。

我們看看英特爾公司（Intel）的例子。一九八四年，外部環境的變化以及公司內部環境所遭遇的種種挫折使得DRAM這一產品面臨巨大的危機，英特爾發現他們很難對外部環境的變化做出有效的回應。一九八四年十一月，英特爾的管理層清楚地預見到公司應該依靠生產微處理器作為未來的發展，因此決定退出DRAM這一產品。對於英特爾公司來說，做出這一決定是非常艱難的，因為DRAM是公司十五年前發明且具有絕對競爭力的產品，即便是在一九八四年，這項產品依然是公司的技術驅動器。但是，當公司發現該產品將要無法回應市場變化的時候，毅然決然放棄，並將這一市場讓給為數不多的日本企業和美國的競爭者。在接下來的十個月時間裡，大量的中層經理人員參與制定並實施退市引發的一系列決策，包括在保持客戶對公司信任的同時，重新部署公司資源（包括技術、工藝和製造能力）。

安迪．葛洛夫（Andrew Grove）在英特爾公司的內部分析會上，將DRAM描述成英特爾公司的一項完全成功的產品，他認為DRAM業務支撐了英特爾公司十多年，為公司開發了很多資源，在最需要的時候可以在英特爾公司內重新進行資源配置。更重要的是，DRAM是英特爾公司在正確的時間選擇退出的產品。正是這個選擇，讓英特爾公司明確了產品和變化市場的關係，也學會了如何創新地整合外部資源。英特爾公司的例子說明決策需要執行的人全員參與，這樣決策才會獲得成功。

這是決策的第一個重點，即做任何決策的時候，首先不是判斷這件事情要不要做，而是判斷能不能找到人去做。傑克．威爾許在帶領GE高速成長的時候，很大一部分的增長是透過併購方式獲得的。GE也是併購成功率最高的企業之一，而其成功的關鍵因素是：找到實施併購的經理人，並讓這位經理人從了解情況開始就參與併購的全過程。因此，做出決策選擇之前，要先確定誰來執行這項決策，之後才開始展開決策的過程。

相反，我們幾乎沒有判斷這件事誰去做，而是先把決策確定下來，再考慮誰去做合適。這個決策一旦決定之後，安排去執行決策的人就要花很多時間來理解和消化這個決策，更多的人也許會去評價這個決策，而不是去執行，一旦實施得不理想，就開始更換執行人，或者更換決策。這恰恰就是決策不到位的主要原因，其根本性的錯誤是把決策和解決問題區分開來，其決策本身就是要解決問題。

重大決策必須是理性決策

從管理的決策角度來說，決策分為兩大類，一類叫作日常決策，一類叫作重大決策。每一個管理者，都會面對日常決策和重大決策的挑戰。

管理決策困難的地方是，既要面對人，也要面對事。所以管理者既要具備自然科學的思維方式，也要具備社會科學的思維方式。什麼是自然科學的思維方式？什麼是社會科學的思維方式？我用比喻來做個簡單的說明。自然科學的方式就是數學的方式，微積分和極限，不斷地細分或者趨近事實。正是這樣，自然科學思維方式，可以用實驗不斷接近真理的方式來獲得對於事物的判斷，也正是這種實驗的特徵，可以允許不斷地犯錯誤，不斷地實驗和調整，最後獲得成功，之前的錯誤可一筆勾銷。

社會科學的思維方式又是另外一種特徵，社會科學的思維方式就是文學、史學、哲學的思維方式。社會科學的思維方式所具有的特點，使得我們無法用實驗的方式來認識事物，不能犯錯誤，一次錯就無法挽回，和自然科學的思維方式剛好相反。管理科學具備了自然科學和社會科學的兩種特徵，因此進行管理決策的時候，我們不能簡單依據數據，也就是科學的方式來判斷，也不能夠簡單地憑藉經驗來做判斷，對於重大的決策，必須考量諸多的條件和因素，才能夠做出決策，這個過程稱之為理性決策的過程，我們必須力保所做出的選擇不能偏差太大。

我非常希望管理者既要有自然科學思維方式的訓練，也應該具有文史哲的素養和思維習慣，這些訓練如果都具備的話，對很多東西的判斷和處理就會簡單一些。

當要做一項新制度和新安排的時候，要先在局部做試驗不要全面展開。因為管理決策不能夠犯錯誤，所以先要實驗，獲得成功的經驗，之後再全面實施。請記住管理上任何新的變化，都不要全面展開，因為那樣風險太大，也違背了管理學科的特性。

我非常欣賞鄧小平先生的「經濟特區」建設的策略，正是四個經濟特區的成功，我們才在全中國展開了三十年改革開放的進程，並取得了世人矚目的成就，如果沒有四個經濟特區建設經驗的摸索，改革開放的決策也許無法取得今天的成效。

我們要有科學的態度，實際上要有兩個態度：一個是要有自然科學的態度，以事實、以數據、以真理說話；還有一個叫社會科學的態度，以本質、以人性去說話，沒有這兩樣東西合在一起，決策就很難有效。所以重大決策一定要理性決策。

理性決策怎麼做？其實也很簡單，就是訓練自己掌握理性決策的步驟，一旦這些步驟成為你的思維習慣，你也就具有了理性決策的能力。

步驟1：識別問題

在決策的時候，我們會遇到很多問題，所以理性決策的第一步是識別問題，識別問題的標準是依據理想與現實之間的距離。

在這一點上，我們很多人沒有理性決策的習慣。舉個例子，很多企業每一年設計的目標都比前一年有增長。比如一家企業二〇〇八年完成九億元銷售額，希望二〇〇九年增長三〇%，達成十二億元的目標。如果這個目標確定，我們就要確定如何實現。大部分人在做完十二億元目標的決策之後，他就開始分析怎樣可以實現這十二億元。問題就出在了這裡，理性決策不是識別十二億元的問題，而是分析增長的三〇%如何實現。做理性判斷的時候，就是分析十二億元和九億元之間的差距到底是什麼，圍繞這個差距來分析影響它的主要因素是什麼，有什麼限制，需要哪些資源。當把這些問題都識別清楚了，就可以做出一些合理的判斷。

所以有些時候，我不太建議請專家來做決策，你可以參考專家的意見，但是一定不要依據專家的意見做出決策，更加不能請專家來做出決策，雖然我自己在多數情況下也被稱為專家，但是我很清楚專家所具有的三個先天侷限性。第一，專家在分析情況的時候都是以理想性來分析的，不是理性，總是會在理想狀態下，來做問題的識別。第二，專家最大的侷限性，是專家並不需要對決策承擔最後的責任。第三，他所依據的數據都是整理過的，專家會保證獲得數據的工具是正確的，但是無法確保數據是正確和全面的。

所以識別問題的時候，還是要真實地考慮自己現實和理想之間的差距才行。你不能完全借助於現實的情況做分析，必須識別理想和現實之間的差距到底是什麼，也不能完全依據理想來做分析，那同樣是無法區別問題而導致決策非理性。

ＴＣＬ併購法國湯姆遜（THOMSON）的時候，ＴＣＬ公司也做過很多諮詢，幾家專業的諮詢公司給ＴＣＬ公司做了報告，同樣它也請教了行業內外的很多專家，一部分認同併購、一部分不認同。最後ＴＣＬ公司根據自己國際化的理想，決定併購湯姆遜。今天這個併購案給ＴＣＬ公司帶來的重創還在恢復中。如果回過頭來看，應該是決策非理性，沒有識別判斷併購湯姆遜的理想和ＴＣＬ公司現實之間的差距是什麼，有沒有限制，還要哪些資源等這些問題，比如說人力資源的問題、法國市場的消費者習慣問題等限制，這些限制的資源沒有識別，結果可想而知。

步驟2：確定標準

理性決策的第二步就是確定什麼因素與決策相關。

我們必須清楚地知道什麼因素和決策相關，這些因素是否可以觀察，是否具體，是否可以測量。當一些和決策相關的因素無法觀察和測量的時候，決策常常會遇到阻力，甚至決策無法得到實現並帶來極大的損失，所以理性決策的第二步是非常重要的。

中國大亞灣核電廠計畫確定建設之後，在香港引起很大震動，並提出要抵制建設的要求。大亞灣核電廠成立了一個公共關係處，當時在中國的公司沒有任何一個組織結構有這個安排，但是他們設立了這個部門。為什麼呢？因為他們預先估計到香港團體的意見會影響這個計畫實施，這是一個相關度極高的因素，必須做出安排。他們把香港各個團體的代表者組織起來，安排這些代表來大亞灣參觀，了解整個設計和工程品質，實地考察電廠的設置和保障工程，又請了很多專家去和代表們溝通，最後大家達成共識：核電廠是安全、可靠的，同時香港是可以受益的，於是大亞灣核電廠的計畫得以順利進行。

確定什麼因素與決策相關是非常重要的，一定不要忽視。中國成功舉辦了二〇〇八年奧運會，從決策的角度來看，是把所有相關因素都考慮到了，天氣、不同文化、不同國家的立場、運動員、觀眾以及奧運會本身。

步驟3：分配權重

事實上並非每一個標準都是同等重要的，恰當考慮它們的優先權是第三步。透過對每一個與決策相關因素重要性的判斷，也就是明確步驟2所述標準的重要性，可以使我們更能夠解決關鍵問題，把資源分配到重要的地方去，以保證決策的選擇是正確的。

步驟4：擬定方案

列出能成功解決問題的可行方案；無須評價，僅需列出即可。對於決策所需要的方案來說，在沒有做出選擇之前，越多越好，不要在決策之前就做出選擇，就制約提出方案，這樣會影響決策本身。

步驟5：分析方案

在列出的所有方案裡面，做出分析是一個關鍵步驟，在這個步驟裡面，我們需要分析方案是否可行，實施這個方案的代價高嗎？可能遇到的風險大嗎？在此特別要注意兩點：第一，分析方案應該著重於建議，而不是人；第二，需要分析社會願望因素——取悅上司還是同事。

當你在分析方案的時候，一定要著重建議，不要管是誰提出來的，千萬不要因為是高層管理者提出的方案就要給予足夠的重視，也不要因為是專家提出的方案就有更強的選擇性，我們需要依據方案本身，而不是提出者的影響力。在做決策的時候，我們存在不夠理性的一個原因，就是誰官大誰說了算，理性決策的時候是不能這樣的，我們只需要關注建議。

社會願望因素考慮取悅上司還是同事？其實表達了這樣一個思想：在分析方案的時候，要考量以下因素，如果這個方案是需要所有人去執行的話，取悅同事的方案比較容易獲得成功；如果這個方案是要上司批准的話，那麼取悅上司的方案比較容易通過。所以要求我們不要自己評估方案好還是不好，一定要看這個方案拿來幹什麼用，需要獲得什麼人的支持。

步驟6：選擇方案

在前面步驟的基礎上，我們開始做出決策選擇了。如何選擇方案，就是決策本身，我們需要界定以下一些問題：這個方案是最好的嗎？用前面的步驟來判斷；選擇這個方案是妥協的結果嗎？這個方案可以讓所有參與決策的人滿意嗎？在做出選擇的時候是否受到權力的影響？界定這些問題，只是希望選擇更加理性，而不是受個人因素影響，包括權力的影響。

步驟7：執行方案

進入實施步驟，就要考慮所有執行的人是否可以接受所選擇的方案，執行方案過程中資源是否受到限制。如果執行者不能夠接受決策方案，決策就不會獲得效果；同樣，如果實施中資源受到限制，難免決策也會無法得到執行，因此在實施決策的時候，需要特別關注這兩個問題：接受程度、資源限制。

步驟8：評價方案

評價決策的效果有很多方法，最直接的方法就是控制過程，檢驗後果，改善推進。

集體決策、個人負責

多年的管理觀察使我發現在我們的日常管理中，最多看到的現象是個人決策、集體負責。很多時候，決策是一個人確定，但是要集體來討論，來承擔，而且常常借助於集體的力量來體現個人的意志，這是特別需要糾正的錯誤。

集體決策

選擇集體決策，是因為集體決策是一個風險相對小的決策，因為這是集合群體的智慧，相互碰撞和選擇遷就的結果。因此集體決策就有它的侷限性：集體決策不是最好的決策，同時集體決策是一個折中的選擇；但是正因如此，集體決策有著最重要的特性，即它是一個風險比較小的決策。

管理者所要做的是保證整個經營過程良性和持續，因此如何降低風險就是管理者優先選擇的邏輯，在這個前提下，集體決策就是最好的選擇。當然集體決策並不意味「跟著簽字」，上邊簽，下邊也簽。而是要告訴每一位參與決策的人，我們能做什麼樣，我們行為的邊界是什麼，以及相配套的獎懲制度。只有這樣，人們在簽字時才會真正盡自己的責任，才會有將工作做好的動力。做到集體決策有效，需要團隊的智慧，至少需要滿足這樣一些條件：①相對少的人數並能夠信任；②互補的技能；③共同責任感基礎上的具體目標和共同的工作方法。

1. 相對少的人數並能夠信任

集體決策的第一個前提是決策成員的相互信任，這種信任需要成員的坦誠和相互溝通，更重要的是需要改變日常的一些管理習慣，注意以下常見的問題：

- 是否可以短時高效地舉行會議。舉行會議是決策最常見的工作方式，這種工作方式要求能夠採用大家接受的形式處理問題、交流看法並明確各自的職責，這種工作方式要求必須能夠達成共識並形成決議，如果會議議而不決，甚至經常無法把會議進行下去，經常離題、經常爭論並堅持各自的見解，恐怕就無法進行有效的決策了。
- 是否能夠高頻率無障礙地交流溝通。無障礙的經常性溝通是決策有效的最關鍵因素。在多數情況下，得不到好的結果是因為彼此的不理解和資訊不對稱。因此，在決策層面需要做溝通管道的設計，溝通訊息的正式傳遞，溝通訊息的發布以及溝通方式的設計，需要不斷地進行溝通的評估和培訓，使得每個成員能夠順暢地溝通。
- 是否都能開誠布公相互配合做事。如果集體決策需要用一種狀態來描述，那就是開誠布公相互配合。記住，集體決策是一個相互依賴的關係，不是管理與被管理的關係，是支持和分工的關係。很多情況下，我們要求每個人應該意識到自己的作用是至關重要的，每個人都是整個流程的組成，缺一不可。

- 是否都能了解其他人的作用和技能。了解各個成員並尊重每個人是形成信任的首要前提。了解他人的意義在於可以使每個人的作用和技能得到發揮，了解他人的最好作用是能夠帶來機會，一個可以信任的機會。

2.互補的技能

集體決策的第二個前提是決策成員的技能互補，這些技能主要是指以下三類：技術性或職能性的技能、解決問題和做決策的技能、人際關係的技能，這些技能的互補需要成員的坦誠和相互溝通，更重要的是需要改變日常的一些管理習慣，注意以下常見的問題：

- 所有的三類技能，不論是實際的還是潛在的，能否反映團隊的成員資格。在這些技能中，我最為擔心的是成員們過多依賴人際關係技能，而忽略了技術性技能或者解決問題的技能。因為在大多數情況下，人們喜歡折中，喜歡從眾，如果是這樣我們就得不到互補的技能。
- 每個成員有無可能在所有三類技能上，把自己的程度提高到團隊目的和目標所要求的水準。也許大家具備這些互補的技能，這時另外一個要求就上來了，我們需要確認這些技能符合目標所要求的水準，沒有這個標準，這些技能也不能夠保證決策的有效性。

- 無論從個人或是集體的角度，決策成員是否願意花時間，幫助自己和他人學習和發展技能。這是一個相當重要的問題，因為如果成員們不能夠幫助自己和其他人學習和成長，對於決策的可靠性我們就要擔心。

3.共同責任感基礎上的具體目標和共同的工作方法

集體決策的第三個前提是決策成員的責任感、具體目標和共同的工作方法。共同的、有意義的目標能確定決策的基調和意向，具體的業績目標是這個目標整體的一部分，兩者的結合對業績非常重要。在此基礎上形成共同工作方法的核心在於：在工作的各個具體方面以及如何把個人技能與提高團隊業績聯繫起來、擰成一股勁的問題上達成一致。注意以下常見的問題：

- 所使用的工作方法是否具體、明確。
- 每個人是否都能真正理解並一致接受這種方法及它是否能帶來目標成就。
- 這種方法能否運用和增強所有成員的技能。
- 這種方法是否要求所有成員對實際工作做出同樣的貢獻。

- 這種方法能否產生開放的相互影響、就事論事地解決問題、根據成果進行考核等結果。
- 是否所有成員都以同樣的方式說明這種方法。
- 這種方法是否可以隨時進行修正和改進。

個人負責

責任的問題一直是管理的基本問題，集體決策的實現需要個人負責來保證。責任的概念永遠是個人的概念，沒有集體責任這樣一個概念，在這個方面我們需要非常明確，不能夠有任何的含糊。在西方的管理理論中很少探討責任的問題，因為在西方文化中，責任是非常清晰的，人們在行為習慣中就形成了個人責任的意識，責任成為一個從業人員的基本素質。但是中國傳統文化一直強調中庸，強調求和與遷就，人們不習慣於個人承擔責任，反而比較習慣從眾，加上民間盛行「槍打出頭鳥」、「法不責眾」的說法，人們更是希望責任淹沒在多數人中，所以對於責任意識而言，我們可以說是先天弱勢。但是，沒有明確的個人責任意識，就無法讓管理變得有效；沒有個人責任意識，就無法承擔經營的後果，最嚴重的是，沒有個人責任意識，就不會有風險控制。

歸納起來我們可以確定，個人承擔責任乃是我們對自己和他人做出的嚴肅承諾，是從兩個方面支持集體的保證：責任和信任；集體成員之間相互承擔責任，可以用來檢驗集體目的和方法的品質。唯有傳遞責任，我們才能夠實現真正的管理，我們才有可能看到企業組織中每一個人的工作品質，每一個人努力的方向，每一個人的相互幫助和支持。換句話說，管理只對績效負責，沒有個人的責任也就沒有績效可言。

實現個人負責，需要確定這樣一些要素：

- 我們每一個人是否都願意為集體的目的、目標、方法和工作產出，負起責任。
- 你能否根據具體的目標來衡量進步。
- 是否所有的團隊成員都感到對所有的衡量指標負有責任。
- 是否所有的團隊成員都明確什麼是他們的個人責任，什麼是大家共同應負的責任。
- 有沒有「團隊只會失敗」的感覺。

在實際的管理工作中，我們常常被一些日常問題所困惑，集體的目標到底是誰的目標？工作方法是否應該堅持一致性？工作結果的價值如何評判？對這些問題的看法決定了人們如何去工作，也就決定了決策最終的執行效果。

個人決策的侷限性

對於管理者而言，決策是他必須要做的選擇，也可以說管理者本身就是決策的制定者。因此，管理者需要知道在決策過程中，自己會有很多侷限性，這些侷限性是有效決策的障礙。

四個「人際錯覺」

個人常常犯一些習慣性的錯誤，我稱之為「人際錯覺」，這些小的障礙我們幾乎每一個人都或多或少地存在。

第一個是首因效應（Primacy Effect）。在人與人交往的時候，往往第一印象決定彼此的判斷，這就叫首因效應。事實上你第一次見到這個人的時候，第一印象不見得就是對這個人真實情況的反映，但是人們會習慣以第一印象做判斷，而且第一印象根深蒂固，需要很長時間才可以淡化，也許我們古語所言「路遙知馬力，日久見人心」有這樣一層意思。雖然我堅持認為第一印象並不代表這個人的真實情況，但是第一印象的效應我們必須知道，所以你在第一次見別人的時候要認真，因為這個時刻在對方對你的認知決策中會產生重要作用。

第二個是暈輪效應（Halo Effect）。借用月亮的效果來比喻，暈輪效應就是以偏概全，就是指人們會被一些外在的東西所矇蔽，而且依據這個矇蔽的現象去判斷。我們舉個例子，公司裡有兩位年輕人小張和小李，小張勤勤懇懇、任勞任怨、早來晚走，小李準時來準時走。結果，因為小張的勤懇得到晉升，而小李被認為沒有付出更多而無法得到晉升。但實際的情況是，小李是一個能力非常強的人，所以他不需要增加很多工作時間，所有的工作都在正常的工作時間裡高效地完成，而小張其實是能力不足，他需要花費更多的時間，才可以跟上工作進度。可惜的是，我們可能沒有正確判斷，反而讓能力不夠的小張得到晉升，這就是暈輪效應。

第三個是新近效應（Recency Effect）。在做決策的時候，最新最近發生的事情，會產生決定作用。尤其是績效考核的時候，人們常常關注到考核時這個人的表現，卻往往忘了過程中所發生的事情，雖然也有很多時候我們強調過程考核，但是因為過程中並沒有及時記錄和表揚，而到了展開考核的時候，很多過去的事情已經無法記得，結果是在考核展開的時候發生的事情起了決定作用。

第四個是功能固著（Functional Fixedness）。對於一些人來說，職業的角色、身分的角色等都會影響人們的決策。曾經看過一個測試，被測試的人得到一個人的大幅照片，被測試者分為兩個小組，一個小組被告知，相片上的人是殺人犯，另外一個小組被告知相片上的人是科學家，請他們描述這個人的面部特徵。結果，第一組的人如此描述：突出的下巴，說明他邪惡的心理，深陷的眼睛說明他死不改悔。另外一組人如此描述：深陷的眼睛充滿了智慧，突出的下巴說明他永攀科學高峰以及堅韌不拔。同一個人，就是因為我們給了不同的角色，認知就產生了不同，這就叫功能固著。

不易察覺的偏好

上課的時候，我會提一些問題，慢慢的我發現，每一次提問，我總是選擇戴眼鏡的同學，我潛意識裡認為戴眼鏡的人肯定是有很多知識的，一定可以回答問題——雖然我本人並不戴眼鏡。人總會有一些不容易察覺的偏好。比如招聘的時候，招聘者總是選擇有著相同認知的人，或者某一個地方的人，或者某一個學校畢業的學生，或者某一種個性特徵的人。所以，我常常對人力資源部的同事講，做人力資源最重要的就是開放心胸，喜歡多元化的特徵，如果不是這樣，我們就會錯過很多優秀的人才。

有關禪學的一堂課。那一天聽課的人有十八名，大家充滿著渴望學習的心情，等待一位著名的禪師進來授課。禪師進到課室，他的助理給大家每個人發一個畫架，上面放了一張A4的白紙，旁邊放了一支鉛筆。禪師說：「給三十分鐘的時間，你們畫吧。」之後他就離開課室。大家你看看我，我看看你，最後決定聽從禪師的要求在白紙上畫畫。三十分鐘後禪師回來，他就帶著十八個人，在這十八張畫板前走了一圈，學員七嘴八舌地評價哪個人畫得好，哪個人畫得像。禪師沒有講話，最後他站在講台上，學員也都站好。

禪師說：「我並沒有讓你們一定要在這張A4紙上畫，我只是說大家需要畫畫，可是十八位同學都在這張Ａ４紙上畫，沒有一個人是不受這張紙限制的。其實你是在用你自己的想法來看世界的，這恰恰就是錯的。」我們在做決策的時候，不管怎樣要求決策者理性，我們首先要承認，我們是用自己的標準和概念來做出判斷的，這一點請各位還是要記住。

快速而有效決策的五種方法

在決策中，最重要的是快速決策以保證效率，因此需要我們能夠知道在何種情況下，採用何種決策方式比較合適，同時透過對於決策方法的把握，可以讓我們了解到決策的關鍵是什麼。請看下頁表6-1，我把決策中常用的五種方法做出比較。

以上五種決策的方法，都是我們日常管理中可以運用的方法。看到上面的表格大家可以明白，決策的方法是很多的，關鍵是要在什麼場合下使用，很多人以為武斷的決策是錯誤的，但是如果在一個需要快速決策而訊息又完全把握的情況下，這種決策方式是最有效的。因此，決策的時候，我們需要知道決策有效的評估標準是什麼。第一個標準是決策方案之品質，也就是決策方案的合理性：是否考慮到客觀的因素，同時又考慮了決策方案的盈虧性，是以利潤計算。第二個標準是成員的接受與支持程度。決定一個決策的效果，最關鍵的是決策方案的品質和成員的接受程度。

表6-1

決策方法	優點	缺點	適用場合
獨斷式決策	(1)適用於簡單例行的決策 (2)效率高 (3)責任明確 (4)在緊急時反應迅速	(1)資源有限 (2)可能導致異議、反感及缺乏承諾（應在制定決策後給予解釋） (3)可能占用經理寶貴的時間	(1)擁有足夠資料 (2)處於緊急情況 (3)眾人期盼你做決策 (4)他人不能制定決策
諮詢式決策	(1)擴大資源的運用 (2)有效的輔導工具 (3)有利於建立關係	(1)比獨斷式決策耗時 (2)如未能採納他人建議可能被視為虛偽 (3)對決策貫徹的承諾通常不夠強	(1)資料不足 (2)用於培訓、輔導 (3)試探性質 (4)建立關係
群體決策（多數人控制）	(1)民主 (2)效率高 (3)公平 (4)簡單	(1)可能得罪少數人 (2)不能獲得團體互動全部好處 (3)討論流於表面 (4)達成的決定可能不符合高層次的企業目標 (5)可能造成群體內的對立	(1)決策未重要到需要達成共識 (2)不夠時間達成共識（例如資源、承諾等） (3)不需要對決策貫徹的完全承諾 (4)成員能夠支持小組決策
群體決策（共識）	(1)通常導致高素質、創造性的決策 (2)享有團體互動的全部優點 (3)能避免小組決策的缺點 (4)領導人能夠支持小組的決策	(1)耗時間和資源 (2)需要大量的培訓／技能 (3)不適用於緊急情況 (4)可能引起爭論	(1)決策非常複雜和重要 (2)極少或沒有時間壓力 (3)需要全面的承諾 (4)領導人能夠支持
授權	(1)節省時間和資料 (2)可作為一種有效的激勵方法 (3)有利於培養下屬	(1)合適的授權需要智慧和經驗 (2)需時間和培訓以幫助下屬成為授權對象 (3)可能需要為只有極少控制的決策承擔責任	(1)下屬願意並能制定決策 (2)想提高下屬的水準 (3)對決策的貫徹全面承諾不是很重 (4)不良決策的後果可以承受

當品質比成員接受程度高的時候，上司運用已有的資料可以獨立做出決策（武斷式）；當接受程度比品質重要的時候，從分享訊息和建議發展而成的群體決策（共識式）；當品質和成員接受程度都重要的時候，上司運用下屬的意見但並沒有把他們組織起來做出決策（諮詢式）；當品質和成員接受程度都不重要的時候，決策就來自手頭最方便的方法（方便式）。

看看以下四個案例，就可以了解到不同的決策方法，運用在日常管理中的選擇是什麼。

第一個案例「正確定價」。一家公司剛剛開發出一種新產品，希望藉以提高公司的利潤水準。因為公司其他產品的銷售面臨下滑（雖然情勢還未到很危急的階段），所以公司對此產品寄予很大希望。公司經理正考慮如何確定正確的產品價格。他意識到如果定價太低，增加銷售量後將增加公司的虧損：如果定價太高，銷售量將低至無法收回製造的成本。在他面前是一套預測的產品財務分析，且他很清楚公司的最新財務報表。他應該採取何種決策方式？

第二個案例「接受投標」。因為業績優越，陽光公司決定為全體銷售員舉行一場餐舞會以示嘉獎。為了給員工們一個驚喜，這項活動必須加以保密。餐舞會將於兩個月後舉行。城裡兩家最好的酒店以差不多相同的價格投標爭取主辦這次餐舞會。陽光公司應以何種決策方式來決定接受哪一家投標？

第三個案例「辦公室的分配」。管理學院的院長站在新建的辦公樓前。和教職員們現在使用的辦公室相比，這個新樓無疑改善了很多。所有的辦公室都配有同樣的家具和設備，大多數辦公室都一樣大小，只有少部分形狀奇特的大一些。大約一半的辦公室朝南，可看到五百公尺外的大海，其他的則面對一座小山。此時院裡尚未分配這些辦公室。除了院裡的副院長們和五個系的主任們視察過之外，其他的教職員們尚未有機會看過。院長正在考慮如何能夠最好地分配這些辦公室。他應採用何種決策方式？

第四個案例「國際行銷」。國際公司的老闆正面對一個難題。它是一個專門負責進出口的公司，憑著它的行銷專長和經驗，公司在國際市場上推銷許多產品。由於進出口業務的特性，公司有一個很大的法律部。這個部必須熟悉不同國家的法律，特別是關於貿易合約、關稅等方面。隨著國際市場上國家保護主義的逐漸抬頭，國際公司必須重新評估它的定位，特別是公司能否透過在不同國家建立倉儲、供銷，甚至設廠而得益。國際公司應採用何種決策方式？

這四個案例我們採用什麼樣的決策方法更合適呢？關鍵就是看決策方案的品質和成員的接受程度。案例一，正確地確定產品的價格。品質比成員接受程度重要，①品質；②經理掌握所有的訊息；③一個技術性的決策必須使用所有的客觀性資料，但並不用考慮接受，所以是獨斷式決策。

案例二，接受投標。①兩家酒店都差不多；②這是一個給人驚喜的餐舞會；③品質和接受都不重要；採用方便式決策，選擇哪一種決策方式都可以，就看方便程度。

案例三，辦公室的分配。①假設每一間辦公室有相同的設備；②辦公室的設備並不嚴重影響生產力的高低；③為了讓人覺得公平，接受很重要。成員接受程度比品質重要，群體共識式決策。案例四，國際行銷。①一個技術的決策需要專門知識；②時間因素應加以考慮。品質和成員接受程度都重要，諮詢式決策。

正如這四個小案例所表達的意思，在日常決策當中，我們會有各種各樣的情況，簡單有效的方法，就是判斷品質與成員的接受程度，之後由品質和成員的接受程度來選擇適合的決策方式。在這些情況中，只有品質和成員接受程度都重要的時候，決策才會比較難。雖然諮詢式的決策是有效的決策方法，可是需要被諮詢的對象有能力承擔責任，諮詢的決策才會有效。如果被諮詢的對象是不負責任的，這個諮詢的決策也許會把企業拖垮。

群體決策不是最好的決策

我在之前強調過重大決策一定要理性決策，一是因為重大決策需要控制風險，二是理性決策的主要方式就是群體決策。

對於群體決策而言，最常遇到的問題是：是否能夠得到最好的決策？如果你是從這個目標出發來進行群體決策的話，就會有很大偏差，因為群體決策一定不是最好的決策，它是一個折中的、考慮了多方面因素的選擇，所以要求群體決策獲得最佳的效果，是不可能的事情。群體決策最大的功效是控制風險而非得出最佳決策。

對於重大的決策而言，控制風險顯得更為重要，尤其是企業有了一定規模之後，控制風險就成為主要的決策選擇，因為在這個時候，任何錯誤的選擇都可能是致命的、不可挽回的。

企業小的時候還可以一個人決策，這個時候企業可以比較快地做出調整；但是企業變大了，每一個決策影響的資源太多，可以調整的餘地就少了。

企業規模變大的時候，管理者要更加謙虛和借助於群體力量。大規模的企業一定要養一些人，這些人幹什麼用？這些人就是控制流程，控制風險。從某種意義上講，大企業一定要支付系統和流程的成本，而支付這些成本的價值就是控制風險。企業創業的初期，可以個人做決策，因為在這個時候，控制風險不是主要的任務，獲得機會才是更重要的，一個人決策有利於快速決策，抓住機會。企業變大了，如果還是一個人做決策就會帶來風險，因為這個時候的你離現實又遠了一點，你的訊息量肯定會被過濾掉、會變少，可是你又足夠的成功，往往你做的決策大家會接受，在這種情況下，風險會變大，這就是為什麼最後一定要群體決策。

但是我看到的情況剛好相反，企業小的時候，管理者很謙虛，他會徵求很多人的意見，再來做決策；當企業變大的時候，管理者開始很自信，他反而不謙虛了，常常覺得自己可以做出正確的決策。其實企業越大的時候，管理者越要謙虛，越要獲得群體的意見來做出判斷。大企業盈利已經不是最主要的，控制風險才是最主要的。

影響群體決策的幾個關鍵問題：

第一，參與群體決策的人數不要太多，五到八人最好，太多人很難形成一個共識的決策。

第二，每一個參與的人必須全程投入，認真負責。有些人參與決策的時候，喜歡隔岸觀火，就是你讓他表達意見的時候，他說我沒什麼意見，但是等這個決策確定後執行出問題的時候，他開始講話了，他說，「你看我當時就沒表態，我覺得就是有問題。」決策執行沒有出問題時，他也很有道理，那就是他本來就是默認的，這種人很可怕。如果發現有一個人在決策裡面持這樣的態度，要把這個人剔除掉。因為這種人對決策是有傷害的。存在這樣的人就一定無法獲得決策的執行，這樣的人不會堅決執行這個決策，他要等到結果再表態，這是非常可怕的事情。

第三，群體成員的背景一定要不一致，如年齡、專業等，更重要的是責任要分開。

第四，在群體決策當中還要避免一些心態，不是真正的響應，而是虛假的響應，「順我者昌、逆我者亡」，壓制意見，因人廢言等，就像中國人講的最有意思的故事——和尚挑水。

第五，要充分地讓所有人表達意見。不批評，不評價，不打斷，盡可能地發散。進行腦力激盪，每一個人都要大聲地表達，盡量說服別人，而不是命令別人。為什麼我們需要你大聲地說話，因為群體的答案永遠都跟講話聲音特別大的人靠近。所以在做群體決策的時候，一定要大聲講話，一定要發揮自己的作用，否則這個群體決策就會被某些人利用。你不去強調，你不去努力的話，他會利用你。

第六，不要在意流程而要在意責任。我最擔心的也是這一點，很多時候我們在意了流程，一個一個地簽字，但是沒有很認真地履行責任，往往後面簽字的人，都認為前面簽字的人已經承擔了責任，所以他只需要判斷之前的人是否簽字，他就簽字。但就是這樣，導致這樣一個非常可怕的結果，公司的決定往往是最基層的人所做的判斷。舉個例子：一個前線員工因為競爭加劇，決定申請在市場投放資源。這個申請遞交給區域經理，區域經理同意；再遞交到行銷副總，行銷副總看到區域經理同意，他也同意；再到總經理處，總經理看到行銷副總同意，他也覺得應該同意，結果這個市場投放資源的決定，其實是一線業務員的選擇。而後面的各層管理並未進行這個決策申請的討論，只是走完流程。

7

什麼是計畫

計畫就是為實現目標而尋找資源的一系列行動。

計畫是管理中最基礎的職能，也是大家最容易忽略其管理價值的一種職能。對於很多管理者而言，計畫只是一個紙面的文本，是年初上交的提案、年底總結的參考，而在管理過程中用計畫管理職能工作的人並不多。

但是從我個人的角度來看，計畫管理是我極其偏愛的管理職能，理由有三：

第一，計畫管理是兩種管理模式之一。因為無論我們學了多少管理的知識，也不管從分工上來說，管理可以細分到何種程度——策略、文化、組織、領導、控制等，從實際運用管理知識的角度看，管理只有兩種基本的模式，一種是績效管理，一種是計畫管理。績效管理適合於那些直接產生績效的企業或部門，而計畫管理適合於那些不直接產生績效的企業或部門。績效管理有利於創新，而計畫管理有利於成本控制。我們甚至可以簡單地概括，美國企業績效管理實踐非常強，而日本企業計畫管理實踐非常強，美國企業和日本企業都是今天環境中最具競爭力的。

第二，計畫管理是所有管理的基礎。在企業管理活動中，最基礎的活動是目標和資源，人和事，以及權力和責任之間的關係。但是人和事，以及權力和責任都是因為目標的存在而引發的，因此，組織的目標決定管理所有活動的出現以及這些活動的價值。所謂計畫管理其實就是解決目標與資源是否匹配的問題，計畫管理也因此成為所有管理活動的基礎。沒有計畫管理，組織管理、流程管理等都會成為空話。

第三，計畫管理可以解決企業健康成長的問題。這一點是我偏愛計畫管理的主要原因。企業跟人一樣是有機體，所以在它的成長過程中，也有著無法克服的三對矛盾：長期與短期、變化與穩定、效率與效益。這三對永遠克服不了的矛盾，推動著企業的生命力，使得企業可以循環往返，以至無窮。如何協調好這三對矛盾，就是管理者所要面對的挑戰：如何兼顧長期和短期，如果既要變化又要穩定，如何解決效率和效益之間的平衡。只有計畫管理這個職能才可以解決這個問題，我會在下面的內容裡講述。

計畫管理的的確確是管理的方法、管理的模式，必須掌握。管理者不會計畫管理，就無法展開管理的活動。管理是依靠計畫管理來展開的，人生也是一樣，我們的人生怎麼樣，也要看你怎麼規劃，如何計畫管理自己的人生時間是最重要的。

計畫管理的定義可以確定如下：廣義的計畫是指制定計畫、執行計畫和檢查計畫執行情況三個緊密銜接的工作過程。狹義的計畫則是指制定計畫，即根據實際情況，透過科學的預測，權衡客觀的需要和主觀的可能，提出在未來一定時期內要達到的目標，以及實現目標的途徑。通常我們這樣描述：計畫就是5W1H——做什麼（What to do it）？為什麼做（Why to do it）？何時做（When to do it）？何地（Where to do it）？誰去做（Who to do it）？怎麼做（How to do it）？

目標是不合理的

計畫有一些根本的特性需要大家了解，對於這些特性如果不了解就會導致管理上的混亂。在計畫中，最重要的特性是兩個：

目標是對未來的預測。計畫的起點是目標，同樣，目標也是計畫的重點。因此目標對於計畫而言是非常重要的。很多時候，人們總是希望目標合理，但是目標一定是不合理的，因為目標是對未來的預測，預測無法合理。為什麼目標要基於對未來的預測呢？因為目標是解決未來問題的，而不是現在的問題。

設定目標的時候，並不是看企業自身具有什麼資源、具有什麼能力，這些企業是要考量，但是更重要的是要判斷發展的趨勢以及所面對的競爭。如果不能夠基於這些來設定目標，而是基於自身的能力和資源來設定，也許目標合理，能夠實現，但是當目標實現的時候，也許你的企業已經被同行和市場淘汰。所以，在今後的管理中，請不要去探討目標的合理性，因為它一定是不合理的。對於目標而言，不是探討合理性，而是探討必要性，這是計畫的第一個特性。

計畫的另一個主要特性是行動，而且必須保證行動是合理的。計畫最真實的含義是什麼？就是確保行動合理，能夠找到資源，以實現不合理的目標。計畫從本質上講是尋找資源的計畫，不斷地尋找資源以實現目標。這就要求我們需要特別注意兩個問題，一個是不要和上司探討目標的合理性問題，另一個是要與上司探討資源的問題。好的管理者，一定是承擔目標，但是尋求資源，只有主動承擔目標而又不斷地尋找資源的人，才能夠體現出經理人的本色。

很多管理者因為不了解計畫的這兩個最重要的特性，在日常管理中，喜歡在目標問題上和上司討價還價，覺得如果可以讓上司調整自己所要承擔的目標，就會比較容易實現目標，如果你有這樣的想法，那就大錯特錯了。因為目標是不能討價還價的，可以討價還價的是資源。

因此，目標並不是關鍵，關鍵的是實現目標的行動，也就是尋找資源的行動要合理，只有行動合理了之後，目標才會實現。某種意義上講，計畫就是行動的安排。所以我們要求大家一定要記住：沒有行動的計畫是無效的，沒有計畫的行動是致命的。請在實際工作中確保計畫是有行動的，而行動是有計畫的。

一定要在意行動

很多管理者對於目標非常在意，每一天都在分解目標，每個月都在檢討目標是否實現，每個季度都在分析目標達成或者沒有達成的原因，每一年都在做目標的總結。表面上看這沒有什麼錯誤，但事實上是錯了。如果我們如此在意目標，不斷地分析目標達成的影響因素，其實對於目標實現而言是沒有多大幫助的。如果我們把目標放在一邊，花費所有的時間來討論、分析和總結實現目標的行動的合理性、資源的安排以及時間的控制，我確信目標是一定會達成的。

人們犯的最大錯誤是把計畫等同於目標分解，所以管理者認為只要把目標分解了，而且下屬也接受了分解的目標，計畫的工作就完成了。另外一個更糟糕的習慣是，年底做計畫的時候，大家認為這是一個需要上交的東西，而不是一個管理的職能，所以都是非常隨意地做出設計和安排，一旦設計好，提交給上司，計畫就被放在櫃子裡。直到年底寫總結的時候，才會拿出年初的計畫來對照一下，而全年的工作過程中，已經把計畫淡忘。

所以，計畫只需要簡單地描述就可以，不需要長篇大論，也不需要漂亮，但是一定要有行動解決問題，一個標準的計畫應該包括以下幾個方面：

(1)目標／目的。
(2)計畫的有效期。
(3)行動的方向。
(4)控制的程序及方法。

- 何事（活動）
- 何時（開始和結束的時間）

- 何人（負責什麼）
- 何地（實施活動）

這樣就可以了。只要把實現目標所要做的事情設計出來，讓人們清楚知道自己所要承擔的責任，知道時間上的要求，以及展開計畫的地點，計畫就可以指導人們的日常工作，這就是計畫所應該發揮的管理職能。

計畫管理如何推動企業發展

在上面的內容裡，我們已經了解到企業發展過程中有著三對必須面對的矛盾，企業正是在這三對矛盾中循環發展的，那麼如何面對這三對矛盾呢？計畫管理的職能正好解決這個問題。

計畫管理是透過建立目標的方法，使得三對矛盾統一協調起來。計畫管理認為高層管理者需要對策略性（公司）的目標負責，這些策略性的目標包括公司長期的發展、投資回報以及市場占有率的增長。由此我們可以看到，高層管理者要對長期和變化負責，換個角度說，公司是否有未來，是否能夠不斷地變化，取決於高層管理者。計畫管理認為中層管理者要對功能性目標負責，包括中期的發展、生產力水準以及人力資源的發展。

由此，我們知道中層管理者需要對企業的穩定和效率負責，也就是說，公司是否具有高的效率，是否擁有合適的人才隊伍，取決於中層管理者的水準。計畫管理認為基層管理者要對日常操作性的目標負責，包括短期的發展、工作安排（任務為主的）、銷售定額、成本控制以及生產力標準。由此我們可以得出結論，基層管理者對短期和效益負責，也就是說，公司是否具有盈利的能力，是否可以降低成本、保證品質，取決於基層管理者的能力和程度。

為什麼很多企業平衡不了長期與短期、變化與穩定、效率和效益的關係，主要原因就是沒有發揮計畫管理的職能，而是讓高層管理者負擔所有的責任，無論是成本的問題、品質的問題、盈利的問題，還是人力資源管理的問題、效率的問題，統統都歸為管理者的責任，並沒有清楚地畫分不同的管理者承擔不同的責任和目標。我們甚至犯了一個極其大的錯誤但是並不自知，這個錯誤就是，我們給高層管理者很高的待遇和權力，支付很高的薪資，但是他們卻做著中層管理者、甚至基層管理者的事情，不斷地為成本、品質和效率花費精力，他們並沒有去督促變化、關注投資回報以及企業的未來，這就是中國目前的管理狀態。

我經常和很多高層管理者甚至是企業老闆溝通，但是很多時候我被問到的話題是管理效率和人力資源的問題，甚至還會探討組織內耗的問題。其實企業是否能夠培養人，發揮人力資源管理的效用，保持企業的穩定，這些都需要中層管理者的努力和付出。可以更直接地理解為，人力資源工作應該是所有中層管理者的職責，而不是人力資源部門的職責，人力資源部門的職責是業務分工，而培養人和選拔人的工作是中層管理者自身的工作。

關於人的這個部分，也就是人力資源的管理，不是由人力資源部做的，是由企業整個中層管理者做的。為什麼人力資源的工作是中層管理者負責而不是高層管理者負責，因為只有中層管理者才會面對企業所有的員工，高層管理者能夠接觸的員工很有限，只有中層管理者才會廣泛地面對所有的員工，而人力資源管理主要職能就是發揮所有人的能力，培養人和任用人。同時，如果中層管理者能夠培養很多人，可以肯定這個公司是穩定的，所以，中層管理者最重要的貢獻就是公司的穩定和效率。

同樣的情況也表現在品質、成本定額完成的情況中，當我們出現品質不行、成本失控、定額不能完成的情況，肯定是基層管理者有問題。要麼就是基層管理者能力不夠，要麼就是基層管理者的精力不夠，所以我們需要在這個時候，關注基層管理者的培養和提升。但是在日常管理中，品質問題最多，很多時候品質的問題都是由高層提出。

成本的要求和標準也是公司高層管理者提出。公司會把成本和品質作為重要的管理內容，這一點並沒有錯誤，錯誤在於作為公司最重要的管理工作——成本和品質控制，必須是由基層管理者來承擔，而不是由高層管理者來承擔，因為高層管理者在這兩個問題上無能為力，無論高層管理者多有能力，決定品質和成本的仍是基層管理者，只有讓基層管理者自己關注到這兩個問題，並願意為此付出努力，成本和品質才可以得到控制。

但是在現實管理中，我看到的情形剛好相反，具有成本和品質意識的往往是高層管理者，而基層管理者反而沒有成本和品質的習慣。我曾看過這樣一個有趣的現象，一次與一家企業老闆聊天，他給我幾頁紙看，我很有感慨，因為老闆用廢紙列印出來給我，並告訴我反面的文件沒有用了，這樣可以節約用紙，我很欣賞這個老闆的做法。到了下午，恰巧我需要列印一些文件給這個老闆看，需要他的祕書幫助打字並列印出來，結果我看到相反的現象，祕書是一個每天都要打字和列印的人，但是我看到她只要打錯一點，就會把整張紙作廢掉，重新拿出一張新的紙列印。我驚訝於這個現象，一個很少自己列印的老闆非常珍惜每一張紙，一個每天都要列印的人卻毫不珍惜紙張。

因此，問題的關鍵是有關成本、品質的管理，一定要讓基層管理者承擔起來，否則不管公司多麼強調，不管高層管理者如何身體力行，效果都不會太好，只要基層管理者發揮作用，成本和品質一定能夠控制。所以作為一個高層的管理者，雖然很注重成本和品質，但是沒有直接的意義，因為高層管理者對於成本和品質沒有直接貢獻，對成本和品質有直接貢獻的是基層管理者，所以必須培養基層管理者具備成本和品質數量的意識，如果發現成本失控，品質不夠，利潤無法完成，一定是基層管理者不合格。

高階管理者對企業的成長和長期發展做出貢獻，中階管理者對企業的穩定和效率做出貢獻，而基層管理者對企業的成本、品質和短期效益做出貢獻。當所有的管理者都能夠做出貢獻的時候，企業發展的三對矛盾就會統一協調，企業就可以獲得穩定持續的成長，這就是計畫管理的好處。

我經常和學生們講，不要晉升得太快，一旦晉升到總裁的位置，就很危險了，因為「總裁，就是總是可以被裁掉的人」。這雖然是一句玩笑話，但是的確講了一個道理，總裁總是可以被裁掉的，因為總裁對短期盈利沒有直接的貢獻，因此可以被裁掉。正向的理解就是，我們需要給予基層管理者足夠的重視，因為基層管理者決定我們的品質、成本和盈利。但是，我們這一點做得並不好。我也常常反對末位淘汰，我並不是反對末位淘汰本身，而是反對末位淘汰的方法運用在基層管理者身上，因為這樣導致的結果是品質和成本受到影響，如果一定要使用末位淘汰的管理方法，我建議在高層管理者和中層管理者層面運用。

計畫管理職能的發揮是極其重要的，在實際運用中，高層、中層、基層管理者的職責不能相互替代，更加不能讓高層管理者承擔所有的職責，表面上看是高層管理者非常負責任，事實上是對於企業的傷害。我們最容易犯的錯誤就是：高管人員承擔著所有的目標達成：成本、培養人才、品質、管理效率等，導致的結果是，中層管理人員和基層管理人員變成了員工，拿的是中層和基層管理者的工資，做著員工的事情，而在這種情況下，中層和基層管理人員也覺得很鬱悶，他們沒有什麼成就感，好像什麼都沒有做，甚至需要他們做什麼都不知道，真是得不償失。

制定計畫的關鍵

我們也可以把目標稱之為理想狀態，理想狀態和現實之間一定有一個差距，這個差距就是我們可以確定行動合理的出發點，只要行動可以縮小和消除這個差距，行動就是合理的，這就是制定計畫的關鍵。下面用例子來說明。

我曾經看到過這樣一個案例，這個案例介紹日本兒童用品進入中國市場的計畫。二十世紀九〇年代，日本兒童用品打算全面進入中國市場，而在這之前並沒有在中國市場取得好的競爭位置。他們決定用三年的時間，讓日本兒童用品在中國市場獲得前十名的地位，為了這個目標他們制定計畫。他們發現理想與現實差距非常大，現實中，日本兒童用品在中國沒有影響和市場優勢，而理想目標是進入前十位，差距是從「0」到「10」。他們決定尋找縮小這個差距的策略點。在反覆分析中國的市場情況之後，他們的選擇是以拍攝動畫片的方式進入中國市場，一部部日本的動畫片在中國市場播放，那些動畫片上的故事和品牌深入小孩子的心，三年後，中國兒童用品市場前十位有八個是日本產品，排在第一的就是「Hello Kitty」。

拍攝動畫片就是這個計畫的行動安排，雖然設定三年做到中國市場前十名是一個非常具有挑戰的目標，但是因為尋找到縮小差距的策略點，行動的合理性保證了目標的實現。所以，計畫最關鍵的就是找到解決差距的策略點，圍繞著這個策略點展開資源和行動，目標就會實現。

我特別提醒這一點，是因為大部分人制定計畫的時候，並沒有關注到這個問題，大多數人只是分解目標，探討目標實現的可能性，而沒有了解理想和現實之間的差距，更加沒有根據兩者之間的差距，來確定行動的方向和資源的獲取。今後在做工作計畫的時候，一定不要只關注怎麼樣實現這個目標的安排，而是要關注目標和現實有多大距離，這個距離怎麼消除。管理者要和員工反覆討論如何消除差距的問題，經過反覆討論就會得到可行的行動安排，計畫就可以有效地制定出來。

計畫的有效性

計畫作為管理職能，是否能夠發揮作用，取決於計畫是否有效。大部分情況下，人們在制定計畫的時候，往往採用先讓所屬的分公司或者部門確定本部門或者分公司的計畫，再彙總到總公司來整合，之後確定計畫的方式，因此計畫的有效性就大打折扣，因為人們確定計畫的目的不同。如果考核是完成計畫就給予獎勵，分公司就會想盡辦法讓自己的計畫目標小一些，而如果匹配資源是和計畫目標值掛鉤，分公司就會想盡辦法提高自己的計畫目標，不管最後能否實現，先獲得資源再說，因此這樣制定計畫的方式是非常錯誤的，需要糾正過來。

如果要保證計畫是有效的，就需要從總公司層面確定計畫目標以及資源安排，因此，計畫一定是財務部門和計畫部門一起統籌來制定。預算先由財務部設計出來，再根據預算來安排整個計畫目標。所以計畫是先由財務部門確定預算，確定可以運用的資源有多少，之後再安排目標和資源的分解，計畫最核心的部分是預算。

除了預算之外，保證計畫有效性的第二個關鍵是激勵政策的安排。也就是說，在制定計畫的同時，激勵政策也需要同時確定下來。因為計畫能不能實施，取決於激勵政策是否具有足夠的吸引力，取決於激勵政策是否可以確信並能夠實施。但是很多企業，喜歡的方式是先簽訂目標責任書，之後再公布獎勵的辦法。

我希望以後不要採用這樣的方式，希望可以在簽目標責任書的同時，激勵的政策同時和目標責任人簽訂。只有這樣人們在接受計畫目標的時候，才知道為什麼一定要達成這個目標，因為達成目標可以獲得明確的獎勵。我們要知道激勵政策，就會決定人們對這個計畫的承諾程度，所以最好在編製計畫的同時，把激勵政策同時制定出來，政策一定要非常清楚全面，又要穩定和兼顧變化，這樣就可以確保計畫得以實現。

保證計畫的有效性，有三個最重要的因素：第一，管理人員對計畫的態度，非常重要。所以在下達計畫、確認計畫的時候，請安排非常正式的方式，不要簡單和太過隨意，而是要隆重和正式，正式簽訂目標責任書會從形式上給管理人員一種認識，對待計畫的態度也認真，要遵從。第二，不要用原來的方法解決問題。計畫為什麼失效，主要是外部環境改變的時候，人們還是採用原來的方法來解決問題，如果沿用原來的方法來解決問題，就會發現計畫失效。因為計畫的確和環境有衝突，管理者還是採用原來的方法來解決，就一定會出問題。第三，上司的支持不夠充分。計畫得以實現的前提條件是上司支持下屬去實現計畫，計畫的實現需要資源，只有上司可以解決資源的分配問題。因此，獲得上司的支持是保證計畫得以實現的條件，也就是計畫有效性的一個來源。

目標管理

計畫管理表現在管理方式上是目標管理，目標管理是由彼得．杜拉克提出來的最重要的思想，我也在前面的章節裡強調過組織管理的核心，就是目標牽引的能力。目標是成就的標準、成功的尺度、行為的誘因。彼得．杜拉克一九五八年就明確指出，管理成效取決於目標設置和目標協調。透過目標設置激發出動機：既為共同事業而奮鬥，又為個人需要而努力。

目標必須具體、明確、適當，且要事先制定。每個人的需要可以透過個人目標的實現得到滿足。更重要的是，積極性的調動是重視目標和追求目標的過程，組織的領導人要使各級人員都能看到並達到個人的目標，這是調動積極性的關鍵。目標使人努力，努力使人取得成績，成績使人自信自尊，自信自尊使人有更大的成績。

由此，我們了解到計畫的實現，是依據目標管理來進行的。目標管理包括兩個部分，目標設置與目標管理。在目標設置理論中，杜拉克強調「目標既要有一定的難度又要切實可行」，沿著這個原則，在設置目標的時候，可以遵守四個基本原則：第一，目標一定要很明確，不能寬泛。比如不能設置這樣的目標，「成為一流公司」，因為這個目標太寬泛，沒有標準。比如「我們要做天底下最好的產品」，這個目標也是錯的，因為最好的產品也是無法判斷的。第二，目標要可以衡量。目標一定要可以衡量，可以檢驗，能夠數量化並能夠驗證。第三，目標之間要平衡，因為任何一個組織或者個人，都會有多個目標，所以目標之間要平衡。第四，目標要有預算，可以書面說明，書面表達的目標可以保證符合邏輯。

一般的管理中，目標有兩種，一種是經營性目標，是硬性的，比如財務上的銷售額、利潤、成本、品質等指標；另外一種是管理性目標，是軟性的，比如效率、流程和服務。管理類的軟性目標，請依照成本控制和效率提升來設置就可以了，比如部門預算、流程響應時間、內部服務滿意度等。

目標管理是讓職工親自參與工作目標的制定，在工作中實行自我控制，並努力完成工作目標的一種制度，它是一種全局性的組織變革措施。目標管理的注意事項有：第一，必須設定總目標，分目標要與總目標方向一致；第二，每一個職工的分目標就是企業總目標對他的要求，也是他對企業總目標的貢獻，並依此對其進行監督和考核；第三，承認每個職工有自我成就、

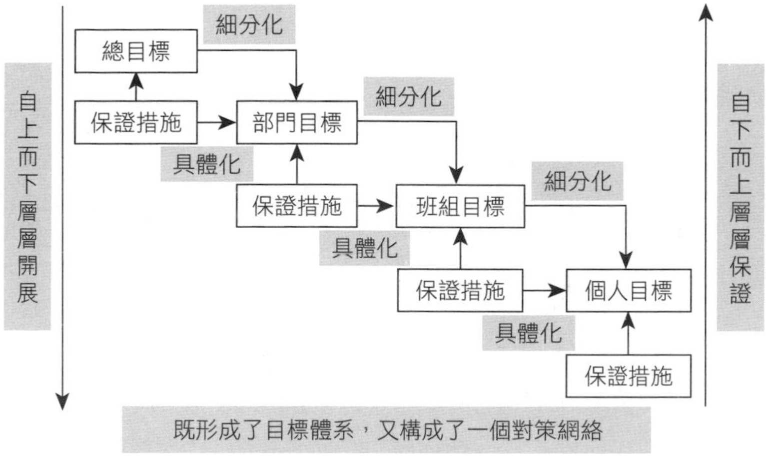

圖7-1 目標管理系統法

施展才能和希望自治的需求；第四，為了鞏固成績，必須注意人的行為，並予以激勵。

因此，目標管理就是讓每一個人都有目標，每一個人都有實現目標的措施。

我們可以用一張圖把目標管理表達清楚（見圖7-1）。

採用目標管理的時候，就是採取上圖所表達的方法。圖7-1表明：目標自上而下層層分解，措施自下而上層層保證，目標管理的核心就是讓總目標成為每個人的具體目標，而每個人又把實現目標的每一項措施具體化和細分化，具體化和細分化的措施可以確保目標的實現。自上而下地分解目標，自下而上地層層保證，這就是目標管理。

我們之所以在目標管理中做得不夠好，主要是因為在目標層層分解方面做得不錯，但是在措施具體化和細分化方面做得不好，更加沒有做到層層保證。所以，需要管理者了解到目標管理的核心是實現目標的措施具體化，而不是目標分解具體化。真正目標管理的工作習慣，就是目標設定之後要有目標溝通，之後花更多的時間和每一個下屬討論實現目標的措施，只有把措施討論清楚了，目標管理才能做到位。

為什麼「計畫沒有變化快」

在計畫與目標管理中，最大的挑戰是計畫如何面對變化。在日常管理中，更多的說法是「計畫沒有變化快」！好像這樣的說法被很多人認同，但是我不認同。我同意今天變化非常快速，我們所處的環境、技術、顧客需求、同行以及商業模式等，都在變化和創新中。但是，這並不意味著計畫就無法適應變化。我們也知道，計畫是管理的基礎，如果計畫不能夠面對變化，也就讓管理陷入混亂中，管理的基礎就不存在了。

事實上，計畫沒有變化快的原因是，計畫沒有涵蓋變化，是計畫本身沒有設計好，一個好的計畫一定是可以包含變化的，是可以預測趨勢的，是能夠和趨勢走在一起並獲得機會的。一個涵蓋變化的計畫，一定是要判斷趨勢，具有前瞻性以及適應變化的柔性。

我們必須承認，今天的環境已經完全改變，以往我們所熟悉的條件幾乎不存在，接踵而來的都是全新的挑戰。我們已經不再把我們生活的這個世界看作穩定和可預測的了，而開始把它視為處於混沌的狀態。這些不可預測和變動，既能夠給那些有準備的組織帶來巨大的機會，又會給那些反應遲鈍的組織以致命的威脅。對於每一個管理者而言，這就是他所面對的環境。

所以不是計畫是否準確的問題，而是計畫如何包含變化的問題，計畫如何具有柔性以適應變動的環境。所以，為了適應這種環境的不確定性，「策略的柔性」成為人們的思考方式。對於今天的任何一家企業來說，既要有明確的策略方向，又要能夠適應顧客需求的變化；既要有明確的策略目標，又要能夠把握變化而提升適應能力，這就要求我們從計畫本身做出合適的安排，而不是面對變化無所適從。

保證計畫得以實施的三項重要安排分別是政策、程序和規定。政策是決定資源分配的安排，程序是獲得資源的流程，規定是獲得資源的條件。也就是說，如果要實施計畫，首先要制定政策來分配資源，再確定程序以保證資源得以監控，最後是規定，它可以保證獲得資源的條件是存在的。

讓計畫包含變化的途徑是：如果發現變化比計畫快，可以先調整計畫實施的規定，但是程序和政策不做改變。在此基礎上依然沒有解決問題的話，就調整程序，但是政策不能調整。往往調整了規定或者程序，計畫就可以保留並包含了變化。

8

什麼是控制

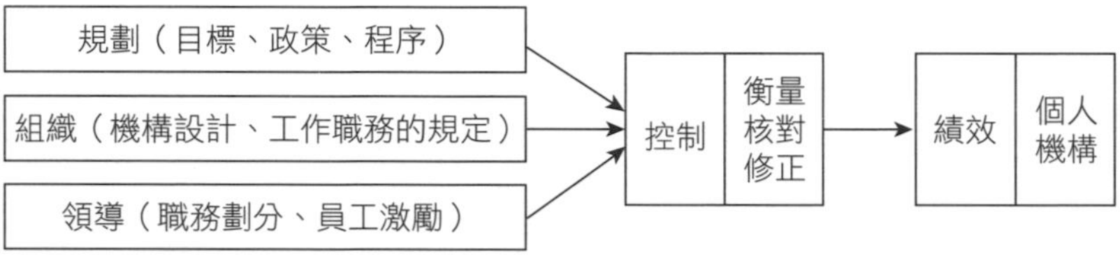

圖8-1 控制的功能

控制是保障達成績效的核心職能

控制在管理中的特殊，作用使得很多管理者非常重視它，以至於我在寫《管理的常識》第一版的時候，覺得這個部分沒有太多的偏差，所以並未納入基本概念裡面。但是在多次出版之後，無論是讀者還是編輯，還是希望我把控制作為一個基本概念增加進來，因為他們擔心在這個概念上依然存在認知的偏差，我接受了這個建議，所以有了這一章。

控制作為重要的管理職能，其重要性表現在以下三個方面，我們可以用圖8-1表示出來。

企業的規劃（包括目標、政策、程序），組織（包括機構設計、工作職務的規定）以及領導職能（包括職權畫分、員工激勵）如何轉換為組織與個人的績效，需要在實現的過程中由控制來衡量、核對和修正。我們可以換個角度來理解這個意思，也就是說，如果企業沒有控制職能，企業的規劃無法變成企業的績效，組織管理過程以及領導職能的發揮，也無法與績效相關。

控制之所以有意義，是因為控制本身是一個過程，透過這個過程，管理者能夠確保實際的活動是否符合計畫的活動。透過這個過程決策者能夠收集和回饋有關績效的訊息，以比較實際的後果和計畫的後果，並採取行動。因此，管理者在運用控制職能的時候，需要明確目標與計畫本身，需要保持管理活動的整個過程與目標和計畫保持一致，做到這一點，才能夠說控制的職能發揮得當。

所以理解控制，就會理解到控制可以在五個方面發揮作用。第一，預防危機的出現，因為有計畫地收集訊息可防止重大事故的產生。第二，使生產標準化，控制是需要把產品及提供的服務標準化，從而盡量減少偏差。第三，考核員工的績效，使員工的績效得到衡量與指導並使績效標準化，讓員工能夠有方向，有依據去提升自己的行動。第四，修訂／更新計畫，透過控制發現的偏差，可以迫使組織切實推行計畫，不至於到最後來不及調整。第五，保衛組織財產，控制本身能夠好好地監督變化，具有預警和提示作用，這樣可以迫使管理者負起財務責任並保存資產。

控制職能從根本上理解，是一個預防風險，糾正偏差，確保目標與計畫實現的職能。千萬不要把控制理解為是對人的控制，是一種針對人的管理行為。如果這樣理解就大錯特錯了，控制是一種針對目標的管理行為，是要求每一個管理行為要不斷與目標、計畫核對與衡量，如果發現偏差就要及時糾正，這是控制作為重要職能的核心之所在。

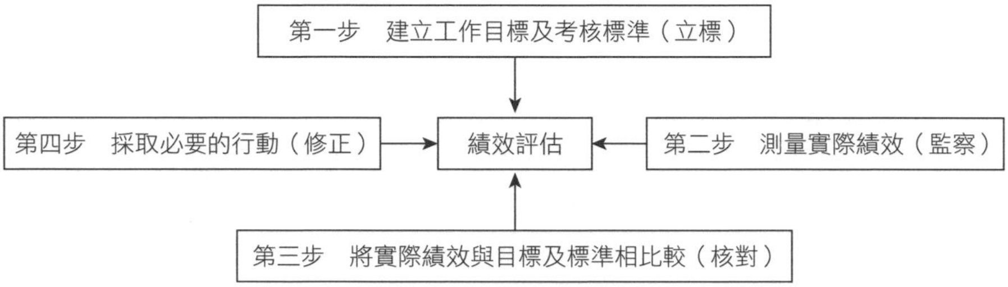

圖8-2　控制的過程

所以，控制的過程由四個步驟構成：第一步，建立工作目標及考核標準（立標）；第二步，測量實際績效（監察）；第三步，將實際績效與目標及標準相比較（核對）；第四步，採取必要的行動（修正）。這四步，就是一個不斷績效評估的過程，最終確保獲得組織及個人的績效（見圖8-2）。

我們可以這樣理解控制的過程，就是立標、監察、核對和修正的過程。立標要求建立具有挑戰性又合理的績效（工作）目標；監察要求測量、收集、存儲以及傳達（回饋）有關個人或組織的資料；核對則是將實際活動或者結果與預先計畫的活動或結果相比較；修正就是按照原來的計畫，修正偏差的活動。

了解控制的過程，一方面可以理解控制職能的根本意義，另一方面可以指導我們的日常管理行為。當我去企業做調查研究的時候，看到很多企業在管控制度上花費很多的精力，設立了非常多的制度體系，覺得有些偏差。控制職能並不是指如何建立一套制度，而是如何形成一種工作習慣，也就是上面所說的四個步驟，如果管理者能夠把上面所說的四個步驟做到位，並形成如常的工作習慣，控制本身就會發揮作用。

控制的三個要件

控制之所以沒有很好地發揮作用，是因為大部分管理者把控制理解為一套制度、體系和要求，卻沒有很好地去理解控制的核心要件是什麼。在我看來，控制有三個核心要件，我稱之為：標準化、量化、全過程化。

控制首先需要表現為一系列的標準，只有這樣才可以衡量和核對。很多時候，中國企業無法發揮控制的職能，並不是因為其他原因，而是因為有制度卻無標準。大家喜歡設立制度與體系，但是卻不願意去設立標準。我並不知道其中真正的原因是什麼，實際的情形是，很多企業並沒有自己的標準，也不習慣於去制定標準。但是，如果沒有標準，控制職能的發揮就是一句空話。以品質控制為例，ISO品質標準的建立，可以幫助企業真正管控好生產品質，產品品質，甚至是工作品質。

標準化如何轉化為人們日常的工作行為，需要把標準量化，只有量化的標準才有被實施的可能，也才可以真正被檢驗和衡量。一些控制職能發揮得相對好的企業，都有一個共性，就是有量化的標準建設，可以讓員工清晰知道自己工作的差距，了解公司對於工作品質的要求，能夠檢驗和對照自己的行為，並採取適合的行為，以獲得績效。中國企業在早期的時候，因為沒有標準，或者沒有量化的標準，在管理中，經驗主義盛行，甚至在很多時候，需要依賴一個人自覺的行動與行為，依賴於人的判斷，這樣無法真正實現管理控制。所以就會出現，每次錯誤都無法得到及時糾正，而且同樣的錯誤一犯再犯，既浪費了資源，又傷害了員工的積極性，根本無法取得績效。

控制需要讓最終的結果與預先設定的結果保持一致，所以控制的第三個要件就是全過程化。這個部分也是很多企業容易出問題的地方。一些管理者在管理過程的初期，對於計畫與目標還比較熟悉，並願意保持一致，但是當遇到了困難，或時間週期加長，就把預先設定的目標與計畫完全忘記了，甚至有些是選擇性忘記，這個時候就需要管理控制來發揮作用，所以控制需要全過程。

強調控制三個要件，是為了讓管理者理解控制職能是一個需要設立標準，進行檢驗與衡量，並貫穿管理活動的全過程。這三個要件缺少任何一個，管理控制都不會發揮效果，也就無法確保組織與個人獲得績效。

有效控制的四個習慣

有效控制包括了一系列內容，績效考核制度、報酬和獎勵制度、員工紀律制度、目標管理制度、預算和管理訊息制度、生產和操作控制制度等，其基礎是全面預算管理。如何做到控制，是控制管理中最重要的部分。大部分企業在如今都在實施全面預算管理，但是真正要取得成效，還需要有四個習慣的改變。

1. 思維習慣的改變

要做有效的控制管理，首先第一點應該是思維習慣的改變，就是不要把預設的目標和計畫，特別是預算看成是一個財務的工作，也不要把預算看成是一個編制的工作，預算其實最重要的是你的思維習慣。預算設計目標不是用已完成的數據做起點，而是要以策略為起點，如果做不到這一點，控制管理就無法達成。因為你的預算不以策略目標為起點，這本身已經和目標產生偏差。所以大家的思維習慣一定要改過來，就是預算起點是策略，它與環境沒有關係，與行情沒有關係，與你的歷史沒有關係，與什麼有關係？跟目標有關係。所以思維習慣的改變就是預算與歷史沒關係，與去年沒關係，與今年沒關係，與行情沒關係，與市場也沒關係，是與你的夢想也就是策略目標有關係，所以叫「預則立」。這是第一個改變——思維改變。

2.行為習慣的改變

在不斷觀察中國企業的一些管理習慣過程中，發現有三個行為習慣很有意思。

第一個行為習慣是比較喜歡看歷史，總是評估自己與去年比增長了多少，如果按照優秀企業的案例來看，這是不對的，其實應該是跟行業平均增長水準比較，跟競爭力基準去比較，絕對不會跟自己去年所做的結果比較。行為第一個改變，就是不要跟自己的過去比，要跟市場當中的競爭力比較，跟行業平均水準去比較。

第二個有意思的行為習慣是：大家不習慣去找實際數據與目標和計畫之間的關聯。如果不知道實際情況與設定目標與計畫之間的關聯，又如何保證計畫與目標能夠得以實現呢？所以你就要很清楚地知道，你在做什麼？如果要市場占有率增長，核心關鍵要素是什麼？知道這些之後，行為就會跟著變，當這樣變的時候，你就會很清楚地知道預算、考核是拿來幹什麼的。

第三個行為習慣是非常關鍵的，做全面預算管理，一定要讓所有的資源放在產生價值的地方去，放在實現計畫與目標的方向上去。換句話說，不產生價值的地方，不與目標與計畫相關的地方，不應該給資源，只有這樣預算才是有用的。能產生效益的時候才動用資源——要有這個能力和行為習慣，要有這樣的控制習慣。

3. 評價習慣的改變

控制管理第三個要改變的就是評價習慣的改變。我觀察大家發現，在經營當中，管理者會簡單地用財務指標做評價，而不是用經營標準做評價，只是滿足於財務指標的理解，卻忽略了計畫與目標所設立的其他標準。

有些時候，我也的確反對只談論KPI（Key Performance Indicators，關鍵績效指標），人們在管理習慣上，只對KPI負責，似乎這樣做也沒有什麼錯誤。但是，如果只考慮KPI，就要求每一個需要關注的地方都需要進行考核，沒有設立KPI的地方，大家就會忽略，這樣的評價習慣，導致了控制出現偏差。因為管理過程中並不是所有的要素都可以納入KPI，相反，很多過程要素是無法用KPI來表達的，這也是為什麼管理控制如此重要的原因，就是因為內控制本身就是一個過程。所以，需要大家養成用目標達成，計畫達成來做評價的習慣，要全面實施計畫管理，而不是僅僅只看KPI和財務數字。

4. 對話習慣的改變

控制管理，核心是組織上下要養成同一個對話體系，用共同的標準來對話。我非常建議企業進行全面控制管理，為什麼？因為這樣就有共同的對話體系了，大家講一樣的標準、關注共同的要素、有相同的認知。這樣就可以讓整個經營管理進入一個非常容易理解的狀態，這種理解就會達成共識，有了共識就可以解決問題。很多時候公司無法達成一致，你說你的、我說我的，並不應該完全歸結為文化的問題，也許是並沒有形成共同的標準，無法用一套相同的評價體系來做出評價。如果標準缺失，評價不一致，是無法對話並形成共識的，這一點顯得尤為重要。

進行有效的管理控制，需要這四個習慣的改變，就是思維習慣、行為習慣、評價習慣與對話習慣的改變，我希望管理者能夠徹底改變。同時，我認為一家企業能夠真正做好的共同基礎，就是預算與控制。

控制的負面反應

管理控制雖然極為重要，但是不適當的控制會帶來極大的傷害，無論是對組織還是對個人。有哪些情況會導致不適當的控制呢？

第一種情況是，設立了不可能實現的標準。很多企業領導人不理解設立不可能實現的目標，反而會讓管理失控。企業最高領導者因為自身的能力以及影響力，常常會為組織設立非常高的目標，這些目標在其管理團隊看來，是根本實現不了的目標。但是管理者卻並未察覺到這一點，依然堅持這些高目標，結果導致對組織持久的傷害。

第二種情況是，在企業內部存在著不可預測的標準。所謂不可預測的標準是指，這些標準無法量化，處在一個動態結構中。換個角度說，一些企業管理者習慣於不斷調整標準，表面上看是與外部變化的環境做出適應，事實上卻讓標準變得不可預測，一個不可預測的標準是無法對工作做出指引和評價的。

第三種情況是，對情境缺乏控制與影響。控制本身需要能夠對情境做出判斷，並影響情境有利於組織目標的實現，或者計畫的推進，如果管理者本身已經無法對情境做出判斷，也就失去了對情境的影響，從而無法做到控制。

第四種情況是，自相矛盾的標準，這也是讓我覺得非常可惜的一種情形。有些企業就是存在著自相矛盾的標準，比如一方面希望企業能夠穩健經營，另一方面又提出要有超乎尋常的發展速度。往往遇到這樣的情形出現，員工只有按照經驗或者個人的判斷做出行為選擇，其結果也就可想而知。下面我們就來看看員工對於控制的負面反應如何？

(1)認為績效目標／標準是「壓力工具」。員工會認為管理者用績效目標或者預算來做壓力，以迫使下屬達到預算目標，完成績效。在這種認知下，員工會制定狹窄、短視的決策，以求達到預算的目標，忽略組織的目標以及計畫，只為當前或者眼下考慮。如果要糾正這一負面反應，需要做到兩點，第一，內在和外在控制並重；第二，共同設立績效的目標／標準。

(2)本位主義，不顧大體。員工只著重於他們自己的任務或目標，忽略了宏觀的組織目標。每個人都是本位地思考問題，本位地解決問題，站在本位的立場上去接受管理和控制。糾正的辦法是，必須讓使用的績效標準包括所有重要的方面，同時員工的獎酬要與整個組織的績效掛鉤。

(3)過分重視短期因素。員工會看重成本和利潤等短期因素，在這上面花費心思並取得成效，但是卻忽略了聲譽及信用等長期因素。比如為了短期績效，不做市場投入，不開發新客戶，不培養年輕人等。糾正的辦法，使用包括了短期和長期因素的全面的績效標準。

(4)過分強調容易測量的因素。這個現象尤為明顯，比如工作只圍繞著ＫＰＩ展開，看不到的或者不容易測量的因素就忽略不計。員工們對利潤、銷售額以及成本等因素非常在意，但是對於服務、工作品質等不容易測量或者定量的因素就沒有那麼在意。糾正的方法，控制系統必須強調過程和結果，而且要特別關注過程及不容易定量的因素。

(5)隱蔽訊息。員工為了保護自己，會採用隱瞞訊息的方式來面對控制。比如對於處於競爭狀態的管理者，未能客觀地評估彼此的預算需求，所以員工誇大預算需求，因為他們預料上司將會削減他們的預算。又如將自己部門的不良績效歸罪於其他部門，生產部門經理責怪研發部門的不實用產品設計等。糾正的方法，注意評估預算需求盡可能貼近市場，同時不要任意地削減預算數目。

(6)躲避和牴觸控制。這種情況分為三種行為：第一種是僵硬的官僚行為，喜歡用符合控制標準的行為來掩蓋自己，有不惜一切代價以取得成果的想法。第二種是進行策略行為，提供訊息使自己在某一時期看起來表現好，例如，在年底加速獲取客戶等。第三種是申報無效資料，提供錯誤、無效的資料，例如，銷售人員的報告中包括了子虛烏有的客戶。糾正方法，使用一套更完善的標準，採用週期性的進程報告，以及不要過分地依賴控制報告，並對提供錯誤資料的行為給予處罰。

以上六種情形都是員工對於控制的負面反應，以及對於這些負面反應如何糾正的方法。對於控制的負面反應是需要認真對待的，因為這些因素對於控制的傷害是顯而易見的，必須加以糾正。

防止負面反應的方法

僅僅是依靠糾正負面反應還不足夠，因為更重要的是防止出現控制的負面反應，只有這樣，才可以真正達成控制的效果。防止負面反應可以從以下幾個方面入手。

(1)設立有效的標準。所謂有效的標準，是指標準是相關的、公平的、可以達到的（高標準，但不是高不可攀）、具體的。

(2)控制的程度要適合任務。在強制控制和自我控制之間求得平衡。對於例行的、機械的任務可以有較多的控制，比如規定或者程序可多一些；經常地監督和控制；既看過程也看後果。對於有機的或者有風險的任務（例如，管理研發部門）控制要少，主要集中在結果上。

(3)在設立績效標準時採用參與的方法。適用於經理缺乏了解和經驗的複雜事項；確保標準是相關的和公平的；參與的人，本身可以是做決策的人。

(4)避免使用不完善的標準。績效標準應包括所有重要的績效層面。

(5)不要過分地依賴控制報告。預算和品質控制報告是有用的，但是它們只提供了選定控制點的部分訊息，例如，利潤或報廢品數量。需要使用其他方法，例如，親自去現場視察。

(6)及時地提供績效的回饋。及時、經常的回饋有助於提高士氣和績效；當績效標準較高時，可加強回饋的正面作用。

(7)使用例外管理。對細微的失誤不要反應過度；著重於嚴重的錯誤和異常情況。

有效的控制需要防止負面反應，以上七個注意的部分，需要管理者認真去理解並貫穿在日常工作中。很多時候我們在談論管理控制的時候，會比較在意事前控制、事中控制，以及事後控制。我並沒有從這三個方面來討論控制，因為在我看來，控制需要在全過程，從事前、到事中、再到事後，全過程控制。有人認為事前控制最重要，也有人認為事後控制可以少走彎路，但是我覺得這樣分階段來強調重要性的認知都不妥。必須真正做到全過程控制，才能夠達成控制的效果。

管理專家彼特．史坦普曾說：「成功的企業領導不僅是授權高手，更是控權高手。」我很同意這個觀點，管控也許是大家通常習慣的說法和做法，但是真正需要做到的是授權與控制的雙向互動。

結語

員工的績效由管理者決定

管理者要學會向下負責。

讓管理產生績效，最終體現在下屬的成長中。相對於管理中的所有資源來說，人是最重要的資源，對人的激勵也是最重要的。對於這個方面的認識，管理者都不會缺少，缺少的是對於下屬成長的安排和支持。我一直認為，下屬的績效是由管理者決定的，也是管理者設計的。只要管理者了解到下屬的長處，並能夠按照其長處設計下屬的工作和職能，績效才會自然得到。用一句話說就是，下屬的成長和績效是管理者設計出來的。

向下負責：為下屬提供機會

負責是一種能力的表現，也是一種工作方式。當我們說會對一個人負責的時候，實際上已經把這個人放在自己的生存範疇中了。我們可以這樣定義向下負責，「為了讓你、你的下屬和公司取得最好成績，而有意識地帶領你的下屬一起工作的過程。」所以向下負責就包含：第一，提供平台給下屬；第二，對下屬的工作結果負有責任；第三，對下屬的成長負有責任。

發展下屬

向下負責的核心是發展下屬。發展下屬由四個方面組成，這四個方面缺一不可，它們是：

(1)給工作團隊提供清楚的方向感與目標。協助人們了解其工作對於實現企業目標的重要性，是非常關鍵的，很多員工不符合企業的管理要求或發展，很大程度上是因為你沒有與下屬溝通工作團隊的方向和目標。你不能夠有技巧地與下屬溝通新的見解與觀察，使得下屬根本無法了解目標與方向，自然就無法得到好的結果。這樣的情況一旦出現後，很多管理者會把責任推到下屬身上，認為是下屬沒有能力。但我堅持確信，沒有不好的士兵，只有不好的將軍。在這個方面最明顯的不良表現，是沒能力與執行計畫的員工妥善溝通計畫的目的與目標，不能好好地解釋各項作業的目的和重要性。

(2)鼓舞下屬追求更高的績效。能夠鼓舞下屬更上一層樓是第二個重要的方面，有能力讓員工努力超越目標，達到他們原本認為不可能達到的境地，是對於管理者能力的一個考驗。沒有下屬能力的提升，就不會有超越，企業是在員工自我超越的過程中創造佳績的。在這個方面的不良表現無法激發出員工的投入感，並使他們釋放出高度的能量，以及贏得勝利所必要的態度。

(3)支持下屬的成長以及成功。向下負責的具體表現是支持下屬的成長和成功，做到這一點，首先，需要管理者真誠關心下屬的生存發展，將組織的願景及目標轉化為團隊成員的挑戰，以及有意義的目標，並能夠讓組織的目標與下屬的發展目標合二為一；其次，需要管理者對於下屬的工作內容有興趣，了解下屬的工作與組織策略的關聯所在；第三，需要管理者支持下屬的成長以及成功，對於每一個小的成功都給予極大的關注和表揚，能夠真正讓下屬感受到你對於他成功的支持和肯定。在這個方面的不良表現是壓制人才，不願提供他們發展的機會，不把真實情況及時反映給當事人。

(4)建立合作的關係。被工作團隊的成員所信任是實現向下負責的基礎，只有被下屬信任你才能夠發揮作用，帶動大家。這就要求管理者平易近人、待人友善，對於下屬的不足與缺點，不是挑剔，而是避開，只有不斷地找到下屬的長處，避開下屬的短處，才會有一個信任的環境，並得到彼此的信任，以建立合作的關係。因此，管理者要能及時了解員工的需求，了解員工的優勢和不足。更重要的是管理者能以建設性的方法處理棘手的問題，讓下屬在感受到你能力的同時也能夠學習到經驗。在這個方面的不良表現是很難相處，員工不會主動跟你吐苦水。

向下負責，簡單地說，就是發揮下屬的長處，盡量避免下屬的短處，不斷自問：「我怎樣做才能使下屬成長並能夠順利工作？」

參考文獻

[1] 腓德烈·泰勒。科學管理原理[M]。馬風才，譯。北京：機械工業出版社，2009。

[2] 馬克斯·韋伯。經濟·社會·宗教——馬克斯·韋伯文選[M]。鄭樂平，編譯。上海：上海社會科學院出版社，1997。

[3] 馬克斯·韋伯。韋伯文選（第二卷）[M]。李強，譯。上海：上海三聯書店，1998。

[4] 陳春花。中國營銷思考[M]。北京：機械工業出版社，2006。

[5] 亨利·法約爾。工業管理與一般管理[M]。遲力耕、張璇，譯。北京：機械工業出版社，2007。

[6] 彼得·杜拉克。杜拉克談高效能的5個習慣[M]。齊若蘭，譯。台北：遠流出版社，2009。

[7] 切斯特·I·巴納德。經理人員的職能[M]。王永貴，譯。北京：機械工業出版社，2007。

[8] 陳春花、楊忠、曹洲濤等。組織行為學[M]。北京：機械工業出版社，2009。

[9] 傑克·威爾許。傑克·韋爾奇自傳[M]。王永貴，譯。北京：中信出版社，2007。

[10] 斯蒂芬・P・羅賓斯。組織行為學[M]。孫建敏、李原，等譯。北京：中國人民大學出版社，2005。

[11] 瑪麗・安、馮格里洛・史蒂文。組織行為學[M]。井潤田、王冰潔、趙衛東，譯。北京：機械工業出版社，2007。

[12] 陳春花。中國管理10大解析[M]。北京：中國人民大學出版社，2006。

[13] 陳春花。中國企業的下一個機會[M]。北京：機械工業出版社，2008。

[14] 彼得・德魯克。管理的實踐[M]。齊若蘭，譯。北京：機械工業出版社，2006。

[15] 陳國權。組織行為學[M]。北京：清華大學出版社，2007。

[16] 馬斯洛。人的潛能和價值[M]。林方，主編。北京：華夏出版社，1987。

[17] 何森。企業英雄[M]。北京：中國經濟出版社，2003。

[18] 俞文釗。現代領導心理學[M]。上海：上海教育出版社，2004。

[19] 赫伯特・A・西蒙。管理行為（原書第4版）[M]。詹正茂，譯。北京：機械工業出版社，2007。

[20] 戴維・R・安德森。數據、模型與決策[M]。侯文華，譯。北京：機械工業出版社，2006。

[21] 薛聲家、左小德。管理運籌學[M]。廣州：暨南大學出版社，2005。

管理的常識（二版）：讓管理發揮績效的8個基本概念

The Common Sense of Management

作　　者　陳春花
責任編輯　夏于翔
協力編輯　王彥萍
內頁構成　李秀菊
封面美術　兒日

發 行 人　蘇拾平
總 編 輯　蘇拾平
副總編輯　王辰元
資深主編　夏于翔
主　　編　李明瑾
業　　務　王綬晨、邱紹溢
行　　銷　廖倚萱
出　　版　日出出版
地址：10544台北市松山區復興北路333號11樓之4
電話：02-2718-2001 傳真：02-2718-1258
網址：www.sunrisepress.com.tw
E-mail信箱：sunrisepress@andbooks.com.tw

發　　行　大雁文化事業股份有限公司
地址：10544台北市松山區復興北路333號11樓之4
電話：02-2718-2001 傳真：02-2718-1258
讀者服務信箱: andbooks@andbooks.com.tw
劃撥帳號：19983379 戶名：大雁文化事業股份有限公司

印　　刷　中原造像股份有限公司
二版一刷　2023年9月
定　　價　470元
I S B N　978-626-7261-83-5

國家圖書館出版品預行編目（CIP）資料

管理的常識：讓管理發揮績效的8個基本概念／陳春花著. -- 二版. -- 臺北市：日出出版：大雁文化發行, 2023.09
256面；17×23公分
ISBN 978-626-7261-83-5（平裝）
1. 企業管理
494　　112013287

圖書許可發行核准字號：文化部部版臺陸字第108018號
出版說明：本書由簡體版圖書《管理的常識》以正體字在臺灣重製發行。